JN226940

榊　佳之著

ヒトゲノム

—解読から応用・人間理解へ—

岩波新書

728

はじめに

二〇〇〇年六月二六日。この日は、わたしたちにとって記念すべき日となりました。日米英仏独中の六カ国からなる国際ヒトゲノム計画プロジェクトチームと、アメリカのバイオベンチャー企業セレラ・ジェノミクス社は、それぞれ独立に、ヒトの遺伝設計図であるヒトゲノムの全貌を明らかにしたことを宣言しました。アメリカとイギリスでは、それぞれクリントン大統領とブレア首相が出席し、大型のテレビモニターを通して同時進行する共同セレモニーがおこなわれ、クリントン大統領は「人類のもっとも偉大な地図」と、その歴史的意義を強調しました。わが国でも森首相が「人類にとって偉大な一歩」との談話を発表しました。

そして翌二〇〇一年、国際チームとセレラ社の両者は、その解読結果を世の中に正式にしめす「歴史的論文」を、二月一二日に発表しました。国際チームは『ネイチャー』に、セレラ社は『サイエンス』にと、科学誌として世界を二分する雑誌のホームページを通して公表したのです。

ここに到達するまで、国際ヒトゲノム計画は、その提案があってから一五年、公式な計画としてスタートしてから一〇年間を要しています。そのあいだ、世界各国の数千とも数万ともいえる人々の努力と、さまざまな科学・技術の力の結集によって、プロジェクトは遂行されました。ほんとうに歴史的な大事業といえるでしょう。

プロジェクトは、わたしたち自身であるヒトの遺伝設計図をはじめて明らかにし、疾病の克服や、ヒトのもつ高次機能の解明への強力な基盤を確立しました。しかし、そのような科学的意義や重要性だけでなく、じつにさまざまなものをわたしたちに学ばせてくれます。

たとえば、世界各国が国際協調(あるときには国際競争)のもとにすすめた、生命科学としてははじめての大プロジェクトであり、生命科学研究のすすめかたの新しいスタイルを打ちたてたことです。今後、タンパク質の構造解析など、生命科学の発展に必要となる大型国際プロジェクトのモデルとなるでしょう。

また、セレラ社という大型ベンチャー企業とのあいだに争いが生じたように、生命科学がこれほどビジネスと接近したことはなく、特許や成果の公表のしかたなど、科学研究の成果のビジネスへの応用のありかたについて、さまざまな問題を提起しました。そして、この成果の医療への応用をとおして生じる、個人の遺伝情報のあつかいなどの生命倫理的問題は、今後の社会制度や人間の生命観にも大きな変化をもたらすことを予感させます。

国際ヒトゲノム計画については、これまでも多くの報告や書籍が出され、さまざまに論じられてきました。しかし、計画にひと区切りのついたいま、あらためてプロジェクトの歩んだ道をまとめ、またこれからすすむべき方向についても考えておくことは、意味があると考えました。

本書は、このような考えから、国際ヒトゲノム計画がどのようにすすめられ、何をもたらしたのか、今後何をもたらすのかを、この計画に当初からかかわり、あるときは日本を代表してさまざまな問題の渦中にあったひとりの研究者としてまとめたものです。網羅的なものではなく、むしろわたし自身の体験や知識、それをもとにした見方が前面に出ていることをご了解ください。また一般の方々に理解いただけるように、学問的にはこみいった議論が必要な問題でもごくかんたんにしか触れていないものがあることを、あらかじめお断りしておきます。

本書のなかで、このプロジェクトがじつにさまざまの人々の努力の結実であることをしめすために、多くの方々を実名であげさせていただきました。ただし、御本人たちの了解をとりつけたものではありません。もしも何か不都合があれば、それはわたしの責任です。

ヒトゲノム | 目　次

はじめに
1 ヒトゲノム計画前夜…… 1
2 遺伝・遺伝子・ゲノム…… 23
3 ヒトゲノム計画はじまる…… 35
4 21番染色体全解読…… 65
5 ヒトゲノムの全体が見えてきた…… 95

6 病気のゲノム解析……107
7 遺伝子のはたらきを調べる……137
8 ゲノム時代の課題……161

1　ヒトゲノム計画前夜

林原フォーラムに集まった研究者たち(1987年)

二〇〇〇年六月二六日、アメリカではクリントン大統領、イギリスではブレア首相の出席のもとに華やかなセレモニーがおこなわれ、国際ヒトゲノム計画チームはセレラ・ジェノミクス社とともに、「ヒトゲノム配列の概要を決定した」と宣言しました。

では、ヒトゲノムの配列を決める国際プロジェクトはいつからはじまって、どんなふうにすすんできたのでしょうか。まず、国際ヒトゲノム計画が成立した背景からみてみましょう。

メンデルとワトソン、クリック

二〇世紀の生命科学は、メンデルの遺伝の法則の再発見からはじまりました。

一八六五年にメンデルは、三万株以上のエンドウを用いた八年間におよぶ実験から、有名な「遺伝の法則」を見出しました。しかし、この重要な発見は当時はまったく評価されず、一九〇〇年になって三人の植物学者によって再発見されました。

メンデルは、遺伝する性質(形質)を担う、なにか粒子性の単位があると想定していました。

これが、いまでいう「遺伝子」です。その後、この遺伝を担う物質の探索が五〇年近く展開され、「DNA(デオキシリボ核酸)」がその正体らしいことが判明しました。そして一九五三年、DNAの二重らせん構造(図1・1)がワトソンとクリックによって明らかにされ、二〇世紀の新しい生物学である分子生物学がはじまりました。

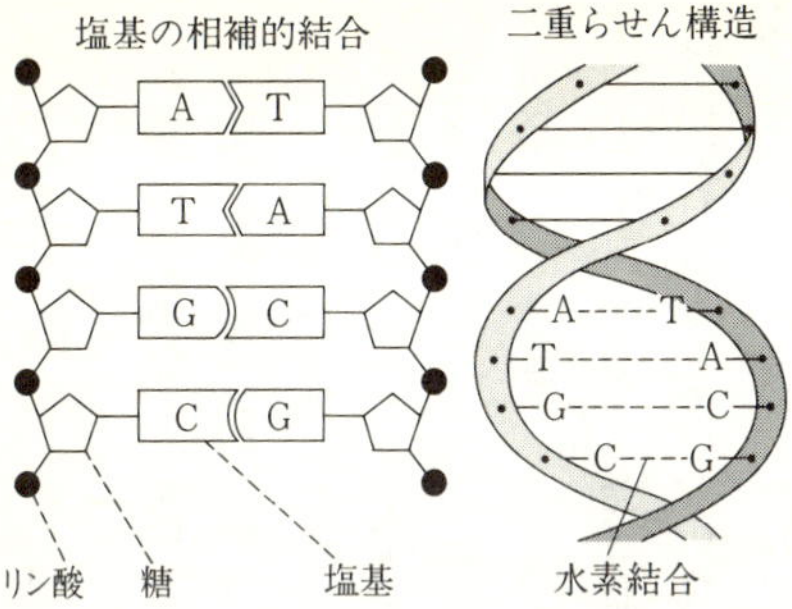

図1.1　DNAの二重らせん構造

アデニン(A)、グアニン(G)、シトシン(C)、チミン(T)のわずか四種類の単位(塩基)が鎖状につながったDNAという物質のなかに、生命の遺伝の情報がどのように入っているのか。この遺伝情報の解読こそが、二〇世紀後半の生物学の最重要課題となったのです。

DNAの二重らせん構造の発見以降、一九六〇年代には、大腸菌や大腸菌を宿主とするウイルス(バクテリオファージ)を用いた微生物遺伝学によって、微生物では少しずつ遺伝子のイメージが明らかになってきました。しかし、あまりにも巨大なヒトDNA(三〇億塩基対からなり、全長約一・五メートル)やヒト遺伝子にかんしては、まったくの謎でした。

生物学に革命をおこした二つの技術

DNAを直接に分析し、謎のなかにあったヒト遺伝子の姿をとらえることを可能にしたのは、一九七〇年代に開発された二つの技術でした。ひとつは、一九七二年にアメリカのポール・バーグやスタンリー・コーエンによって開発された組換えDNA技術(遺伝子操作技術ともいわれた)、もうひとつは、一九七七年のイギリスのサンガー、アメリカのマキサムとギルバートによるDNAの塩基配列決定技術(DNAシークエンシング技術とよぶ)です。どちらの技術も、生物学に革命的変化をおこした技術として、のちにノーベル賞の対象となっています。

組換えDNA技術は、生物に新しい遺伝子を人為的に導入することを可能にした画期的な技術です(図1・2)。同時に大腸菌のように増殖速度の速い微生物を利用して、わたしたちが調べたい特定の遺伝子をとりだし(これをクローニングといい、特定の遺伝子やDNA断片をもつ大腸菌をクローンとよぶ)、それを必要なだけ増やすことを可能にした点でも重要なものです。このようにして増やしたDNAを、シークエンシング技術で分析することにより、わたしたちはヒト遺伝子の構造を、その最小単位である四種類のヌクレオチド(塩基–糖–リン酸から

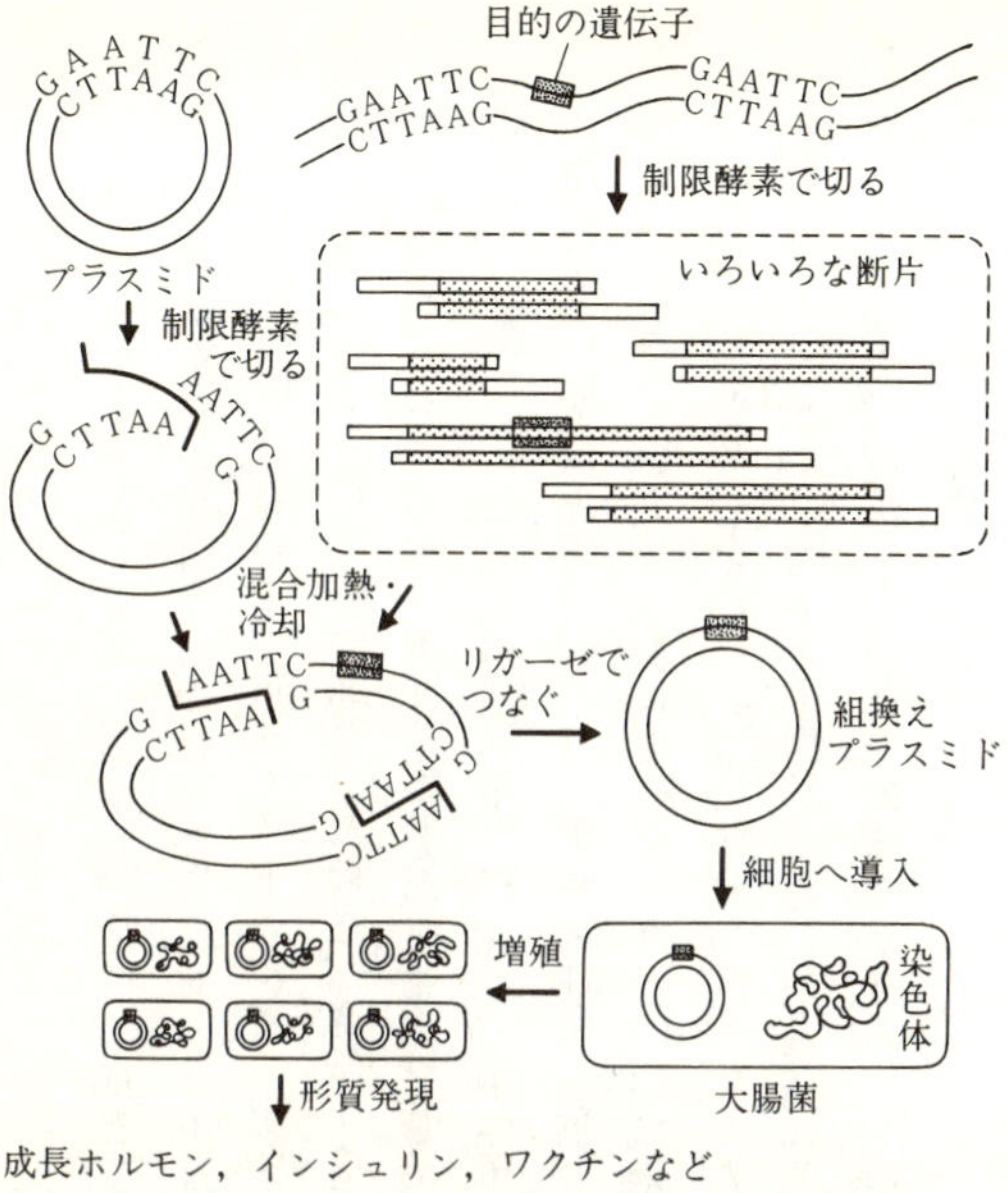

図1.2　組換えDNA技術

なる、図1・1参照）の一部である塩基の並び方として知ることができるようになりました。

この二つの技術によって、ヒトでも大腸菌でも、すべての生物のDNAを同じように解析できるようになったのです。その結果、一九七〇年代後半から、（ヒト）遺伝子の研究は爆発的に進展することとなったのです。

遺伝子からゲノムへ

一九七〇年代後半からは、

さまざまなヒト遺伝子の発見ラッシュになりました。ヒトの成長ホルモンやインシュリンなどの医療に直結するホルモン遺伝子、酸素を運ぶヘモグロビンを構成するグロビン遺伝子、血友病やフェニルケトン尿症などの遺伝病の原因遺伝子などです。

それまで待ち望んでいた研究者の思いが爆発するような勢いで、ヒト遺伝子の研究は進展しました。利根川進(抗体遺伝子の研究でノーベル賞。現マサチューセッツ工科大学教授。以下敬称略)が抗体遺伝子の再構成を発見したのも、遺伝子をもとに医薬品の開発をめざすジェネンティック社などのバイオベンチャー企業が生まれはじめたのも、この頃です。日本でも、本庶佑(現京都大学教授)による抗体遺伝子の研究や、中西重忠(現京都大学教授)による脳下垂体ホルモン遺伝子の研究など、世界をリードする研究が展開されました。

遺伝子について新しい発見があいついだ一九七〇年代末から八〇年代は、遺伝子研究者のみならず、生命科学の研究者全体にとって興奮の時代でした。そして、新しいヒト遺伝子の発見と、それをきっかけとする医学・生物学研究の大きな展開のなかで、生命現象の解明には個々の遺伝子だけでなく、遺伝子の総体である「ゲノム」を解析することが必要であるという考えが、研究者のあいだに芽生えてきました。

一九八〇年代のPCR(ポリメラーゼ連鎖反応)法(8・9ページ参照)など、DNA分析の技術や方法論のいっそうの進歩を目の当たりにして、研究者のあいだにはヒトゲノム全体を徹底的に解明してみようではないかという気運が生まれてきました。わたし自身も、一九八二年にすでに『現代化学』という雑誌のなかで「ヒト染色体(ゲノム)全体の地図をつくってみたい。夢です」と述べていました。

ハンチントン病解析の衝撃

一九七〇年代のＤＮＡ解析技術の進歩のほかに、研究者をヒトゲノム計画にかりたてた、もうひとつの方法論の開発がありました。それは、連鎖解析法(12・13ページ参照)というショウジョウバエの研究から開発された遺伝学の古典的手法のヒトへの応用です。

連鎖解析は理論的にはヒトへの応用は可能ですが、そこには大きな障害がありました。ショウジョウバエでは、目の色や羽の形など、いくつもの遺伝的性質の異なる株を人為的に交配させて、たくさんの子をつくり、二つの性質を決める遺伝子のあいだの距離を割りだすことができました。しかし、ヒトは実験動物ではないので、自由に交配できません。したがって、ヒトでは自然に成立した家系を利用するしかありません。しかし、ある一つの性質(たとえばある遺伝病)を代々遺伝する(大きな)家系が見つかることはあっても、遺伝距離を推定したい二つ

DNAの解析を一変させたPCR法

遺伝子(DNA)の構造解析が進展するなかで、DNAの解析技術も大きな進歩をとげてきました。とくにPCR法は、DNAの分析手法を革命的に変化させせました(図1・3)。PCR法ではまず、プライマーとよばれる短い合成DNAで、ゲノムDNA中の分析したい領域を指定します(二、三万塩基長が限界ですが)。つぎに、DNA合成酵素(DNAポリメラーゼ)を用いて、その領域を二倍に増やします。ここまでが一サイクルです。同様にして、二本のDNAを四本に、四本を八本に……とつぎつぎに増やしていき、短時間のうちに一〇〇万倍くらいに増やすことができます。

この方法によって、クローニングという手のかかる技術に頼らずに、試験管内で望みのDNA(配列があるていどわかっている領域にかぎられます)をかんたんに増やすことが可能になり、DNA分析の自動化、微量化、迅速化が革命的にすすみました。現在の遺伝子の解析は、PCR法ぬきには考えられません。PCR法の開発者マリスはノーベル賞を受賞しています。

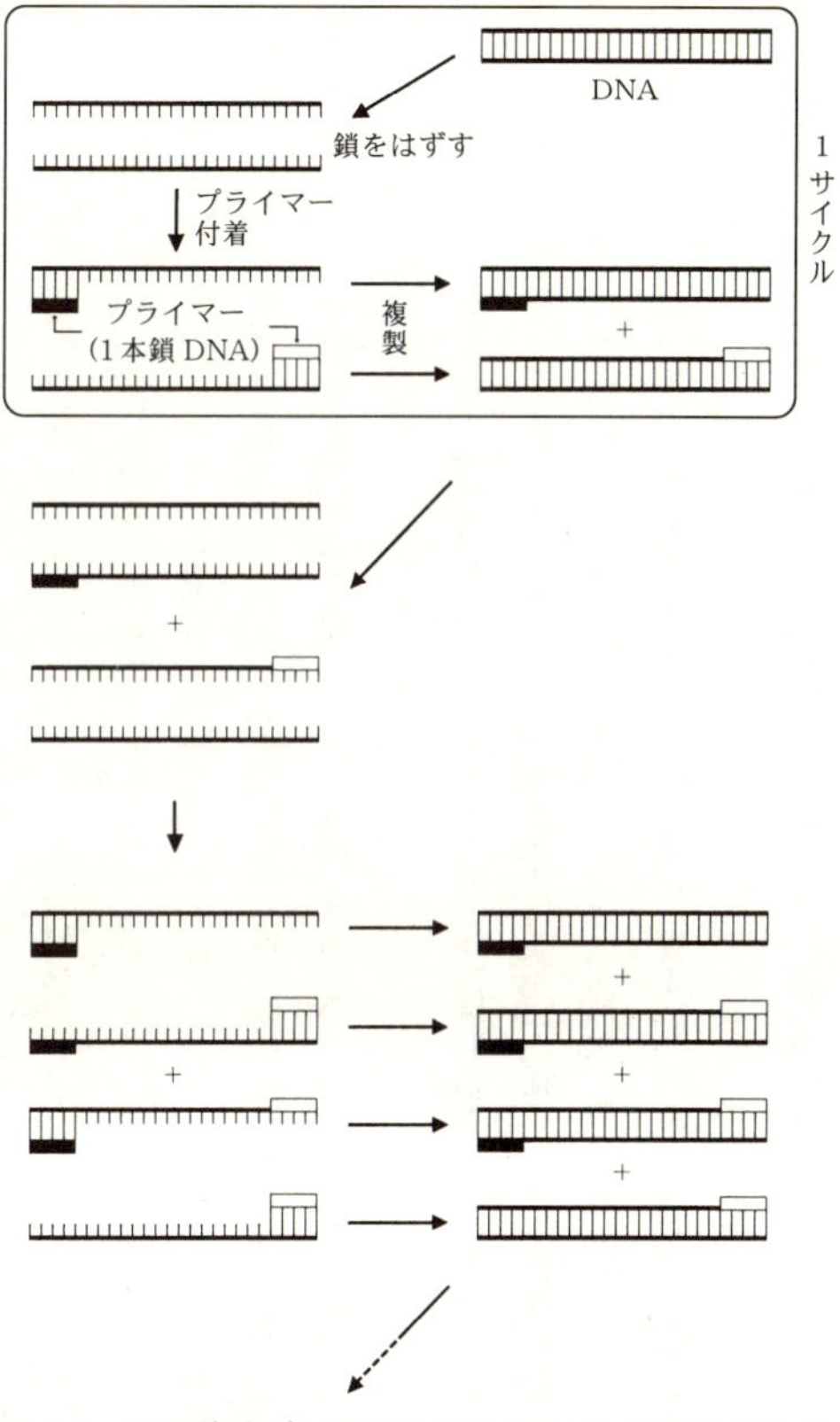

図 1.3　PCR 法（1本の DNA が2サイクル後に4本の DNA になるまでをしめす．中込弥男『ヒトの遺伝』岩波新書より）

の性質を同時に遺伝する家系が見つかることはほとんどありえないのです。したがって、ヒトの連鎖解析は不可能と思われていました。

ところが、ヒトDNAの配列解析がすすむとともに、ヒトDNAの配列のなかに、個体間でわずかに異なる部位があり、それらはメンデルの法則にしたがって遺伝することがわかってきました。このDNA配列の個体差を「多型(ポリモルフィズム)」とよびます。アメリカの遺伝学者デイビッド・ボットシュタイン(現スタンフォード大学ヒトゲノムセンター所長)、ロナルド・デイビスやレイ・ホワイトらは、その多型が、ゲノム(染色体)の全体にわたって高い頻度で見つかることから、これを遺伝的な目印として利用すると、ヒトの連鎖解析が可能であることを、一九八〇年に理論的にしめしたのです。

DNA多型として、当時発見されたのは、RFLPとよばれるものでした。RFLPは restriction fragment length polymorphism(制限酵素によって得られる断片の長さの多型)の略です。ヒトDNAを制限酵素とよばれる酵素で切ったときに、ある部位が「切れるタイプ」「切れないタイプ」の二つの異なるタイプをしめす、DNA配列の個体差のことです(図1・4)。

ボットシュタインの理論をもとに、遺伝病の連鎖解析に最初に成功したのが、ハンチントン

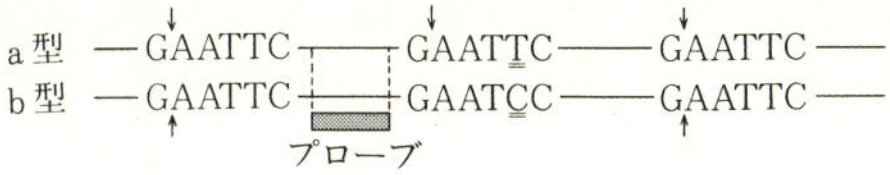

図 1. 4　RFLP（a 型と b 型で断片の長さがちがう．矢印は制限酵素切断部位を，＝は多型部位をしめす）

病を研究していた、ジェームス・グセラとナンシー・ウェクスラーのグループでした。身内にハンチントン病患者のいる医師ウェクスラーは、家系をたどり、ヴェネズエラにあるハンチントン病の大家系の協力を得ることに成功しました。グセラはそのサンプル（血液から採ったＤＮＡ）を使って、当時知られていたＲＦＬＰを利用して、連鎖解析をはじめました。そして幸運にも、最初にテストした一二種のＲＦＬＰのなかに、ハンチントン病と連鎖をしめすＲＦＬＰを発見したのでした。ボットシュタインらの論文が発表されて三年後、一九八三年のことでした。

このＲＦＬＰが四番染色体のｐ16と名づけられた領域に由来していることから、ハンチントン病の遺伝子もこの領域にあると結論されました。ボットシュタインの理論では、最低でも三〇〇種、平均的には一〇〇〇種くらいのＲＦＬＰを分析することが必要といわれていたことを考えると、ひじょうにラッキーでした。そのため、グセラは「ラッキージム」（ジムはジェームスの愛称）とよばれました。ハンチントン病の連鎖解析の成功は、遺伝病の研究に大きなインパクトを与え、のう胞性線維症など数多くの遺伝病の連鎖解析を促すことになりました。

アメリカでの議論

画期的なＤＮＡ解析技術の進歩に加え、ヒトの連鎖解析法という人類遺伝学の大きな進歩によって、研究者のヒトゲノム解析への気運はさらにもりあがってきました。

しかし、これらの思いを「ヒトゲノム計画」というプロジェクト研究として実現させるまでには、さまざまな努力、とくに研究者自身も意識変革が必要でした。国家プロジェクト、国際プロジェクト研究という、いままでに生物学研究者が経験したことのない研究スタイルへの不

連鎖解析

親から子へ二つの性質（遺伝子といってもいい）が伝わるときに、同一染色体上で近くにあるものどうしは、いっしょに伝わることが多いのです（図1・5）。しかし、両者が離れていると、減数分裂の際に染色体上でおこる交叉（組換え）反応のために、分離しやすくな

ります。したがって、二つの性質が分離する頻度から、染色体上でのそれぞれの(遺伝子)距離を推定できます。

この解析方法は、二〇世紀のはじめに、ショウジョウバエの遺伝解析をおこなっていたモルガンによって開発され、染色体上の遺伝子の位置関係を調べる、遺伝学のもっとも基本となる解析方法となりました。そして、開発者モルガンの名にちなんで、減数分裂あたりかならず一回交叉のおこる遺伝距離は、モルガン(M)という単位でよばれています。ふつう、一〇〇回の減数分裂あたり一回の交叉がおこる、センチモルガン(cM)を単位として用いています。

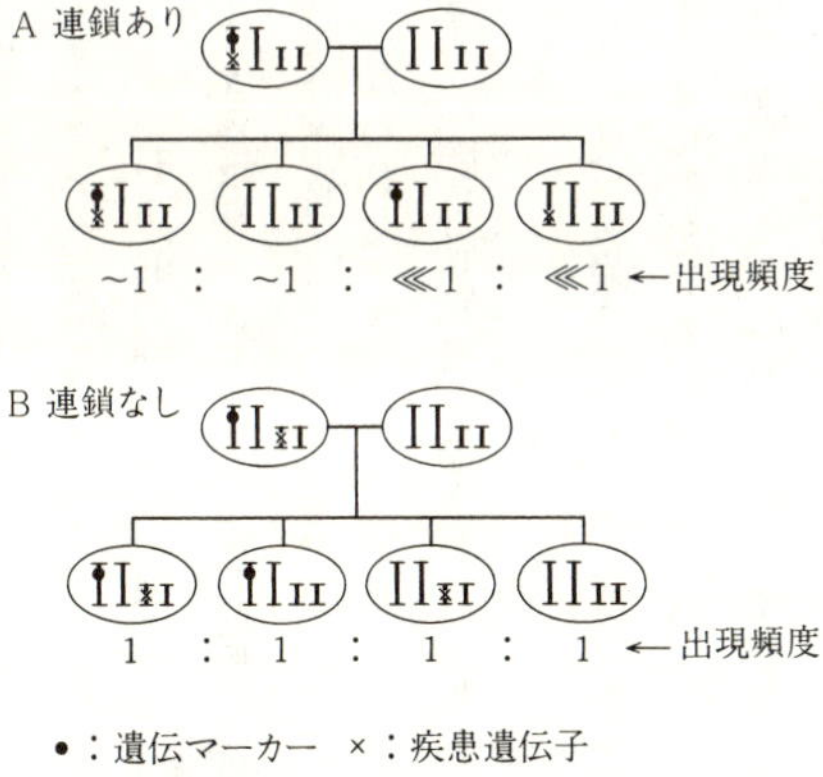

図 1.5 連鎖解析の原理(出現頻度は遺伝マーカーと疾患遺伝子の組合せの割合)

安や批判、巨額の研究費が他分野へおよぼす影響などをめぐって、さまざまな議論があったのです。

ヒトゲノム計画がはじめて公式に論じられたのは、一九八五年、カリフォルニア大学サンタクルツ校でのワークショップだったといわれています。そこで、アメリカのエネルギー省(DOE)が提案したのでした。そして、八六年に入ると、DOEのサンタフェでの会合や、ノーベル賞学者レナート・ダルベッコによる雑誌『サイエンス』でのヒトゲノム計画の提案など、活発な議論がはじまりました。

もっとも白熱した議論は、一九八六年五月におこなわれたアメリカのコールドスプリングハーバー研究所のシンポジウム「ヒトの分子生物学」の際に特別に開催された「ヒトゲノム計画」にかんする討論会でした。

わたしは幸運にもこのシンポジウムに招待されており、討論会にも出席する機会をえました。計画推進派のジェームス・ワトソン(DNA二重らせんの発見者、図3・4参照)、ウォルター・ギルバート(DNAシークエンシング技術の開発者)らと、計画に疑問や不安をもっていたボットシュタインやマキシン・シンガー(当時カーネギー研究所長)らとのあいだで、はげしいやりとりがおこなわれたことをはっきりと覚えています。

そこではつぎのような議論や意見が出されたことが、わたしの記憶に残っています。

「巨大科学が従来の生物学を圧迫し、予算の不公平な配分がおこるのではないか」

「この計画を達成できるだけの技術がほんとうにあるのか」

「巨大なヒトゲノムのなかには、マンハッタンのようなところもあればミズーリのような田舎もある。これを同じようにお金をかけて解析する価値があるのか」

「エネルギー省がこの計画のために原子力予算を削除するなら、それも悪くない」

などがそれです。

このような議論をする一方で、アメリカではワトソンの強力なリーダーシップのもと、ヒトゲノム計画への準備が着々とすすめられていきました。この討論会のおこなわれた翌日には、昼食時に『ゲノミックス』というゲノム研究の専門誌を発行する準備会が開かれていました。一九八六年を節目に、アメリカではヒトゲノム計画へ向けた活動が活発に展開されはじめたのです。そしてワトソンは、つぎに述べる日本の「和田プロジェクト」の進展をたくみに利用して、アメリカ議会でヒトゲノム計画への予算獲得に成功し、一九八八年からパイロットプロジェクトを開始しました。

日本の先駆者たち

ヒトゲノム計画は、アメリカを中心に活発な取り組みがすすめられましたが、当時日本にもこの分野で先頭を切る研究があったことは、あまり知られていません。

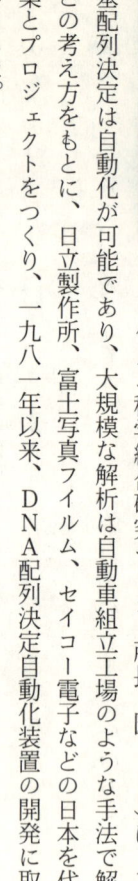

当時東京大学教授だった和田昭允（現理化学研究所ゲノム科学総合研究センター所長、図1・6）は、DNAの塩基配列決定は自動化が可能であり、大規模な解析は自動車組立工場のような手法で解決できるとの考え方をもとに、日立製作所、富士写真フイルム、セイコー電子などの日本を代表する企業とプロジェクトをつくり、一九八一年以来、DNA配列決定自動化装置の開発に取り組んでいました。

図1.6　和田昭允（2001年）

一九八七年、和田は雑誌『ネイチャー』の通信欄に、日本が塩基配列決定の基本的な部分の自動化にめどをつけたことを発表し、各国に衝撃を与えました。当時経済で優位にあった日本のこの動きは、とくにアメリカを刺激し、アメリカのヒトゲノム計画の成立を促しました。

その年、和田は岡山市の林原産業の支援をうけて、DNA解析の自動化に関するシンポジウム「林原フォーラム」を、岡山市で開催しました。そこにはノーベル賞学者のウォルター・ギルバート、のちにノーベル賞を受けるリチャード・ロバーツ、DNAシークエンサーの世界トップ企業ABIの現社長のマイク・ハンカピュラー、ヨーロッパ分子生物学研究所長のフィリップセンなど、世界の超一流の研究者が集まりました(本章扉)。この事実は、和田プロジェクトの衝撃がいかに大きかったかをしめしています。

しかし、残念なことに、また不思議なことに、しばらくのちに和田はプロジェクトの推進役をはずれ、リーダーを失ったこのプロジェクトは、ついに完成することなく数年後に打ち切られてしまったのです。

和田の考えた既存の技術を組み合わせて塩基配列決定工場をつくるアイディアは、一九九〇年代前半に、イギリスのサンガーセンターやアメリカのワシントン大学のゲノムシークエンスセンターで現実のものとなりました。ゲノムDNAの塩基配列決定の研究が本格化する一九九五年からは、DNA配列決定自動化装置を何十台何百台とそろえた工場のようなシークエンスセンターが、世界を引っぱることになりました。皮肉なことに、和田が描いた工場のような大型センターを実現させたアメリカとイギリスが、ヒトゲノム計画では中心となったのです。

ヒトゲノムの分野ではありませんが、ゲノム関係者のあいだでは、もう一人世界の先端にいた人物が知られています。現在、国立遺伝学研究所教授の小原雄治です。小原は大腸菌ゲノムを小さい断片に分け、全断片をクローン化して整列させたセット(小原ライブラリーとよばれた)をつくりあげ、大腸菌ゲノムの全解析を可能にしたのです。このような整列したクローンのセットをつくるのは、いまではあたりまえですが、小原ライブラリーは世界ではじめてのアイディアでした。岡山での「林原フォーラム」に出席していたギルバートは、その斬新なアイディアを絶賛していました。

賛否両論のなかで

日本でもヒトゲノム計画への準備がすすめられていました。その中心になったのは、B型肝炎ウイルスの遺伝子クローニングに成功するなど、日本の分子生物学のリーダーであった松原謙一(当時大阪大学教授、図1・7)でした。文部省の学術審議会から、ヒトゲノム計画を推進すべきであるという建議が出されるなど、松原を中心にヒトゲノム計画の立案、実施に向けての準備がすすめられていました。

しかし、ヒトゲノム計画はたんにDNAの塩基配列を機械的に読む「作業」であるという誤解や、予算配分への不安など、いろいろな批判や反対が根強くありました。仙台市でおこなわれた日本分子生物学会の年会で、ヒトゲノム計画に関する特別の討論会が開かれました。そこでは、松原らと会員のあいだで率直なやりとりがおこなわれました。たとえば、わたしの研究室の大学院生だった吉開俊一は、「若い学生が労働力としてのみ使われるのではないか」という不安を表明しました。

ヒトゲノム解析センター

ヒトゲノム計画に対して日本の学界に根強い反対があったことを如実にしめす例が、ヒトゲノム解析センターの設立の経緯です。

図 1.7　松原謙一(2000 年)

ヒトゲノム計画推進の拠点としてセンターを設立することがみとめられ、準備がすすめられてきましたが、決定直前になって予定されていた国立研究所の教授会が受け入れを断ったのです。予算決定まで二、三日をのこす段階でのこの決定は、ヒトゲノム計画にとって危機的なものでした。

文部省担当官の伊藤公紘はすぐに関係者と相談のう

え、東京大学医科学研究所所長の木幡陽をたずね、受け入れを要請しました。医科学研究所の教授会（わたしもメンバーの一人）は、緊急の会合を開き、二、三年あずかるのならいいだろうとの結論に達し、ヒトゲノム解析センターはどうにか設立にこぎつけたのです。

図1.8　シドニー・ブレンナー（2000年）

ワトソンのブラックメール

日本国内でのヒトゲノム計画実施への動きのなかで、ワトソンが松原へ送った手紙の話は、関係者にはよく知られています。内容は、「日本がヒトゲノム計画に協力しなければ、この計画から生まれる情報や資料から日本をしめ出す」というものでした。「コンフィデンシャル（機密の）」とのただし書きつきながら、改訂版が二度届くなど、この手紙が関係者に見られることを、ワトソンははじめから意識していたと思われます。

前述のように、日本でもヒトゲノム計画設立への努力がすすめられていたのですが、日本の予算制度のもとでは容易に大型の新規予算が獲得できず、苦労していました。このような日本の事情を説明するために、清水信義（慶應義塾大学教授）が松原の代理としてアメリカに出かけました。しかし、別の見方として、前述の手紙は日本の事情を知っていたワトソンが外から応援してくれたとも考えられます。

このように各国でさまざまな議論や行動を積み重ね、また研究者たちは自主的な連携推進組織としてＨＵＧＯ（Human Genome Organization, 国際ヒトゲノム機構）を発足させて、国際協調の体制固めをしました。そして、日・米・欧（主にイギリスとフランス）は二、三年のパイロット研究を経て、一九九一年から本格的なヒトゲノム計画を国際的なプロジェクトとしてスタートさせることになりました。大きな計画の立ち上げには強力なリーダーシップが要求されることはいうまでもありません。日本で松原謙一、アメリカでワトソン、イギリスではシドニー・ブレンナー（図1・8）という強力なリーダーが、それぞれ計画の先頭に立ったことは、国際ヒトゲノム計画にとって幸いでした。

2　遺伝・遺伝子・ゲノム

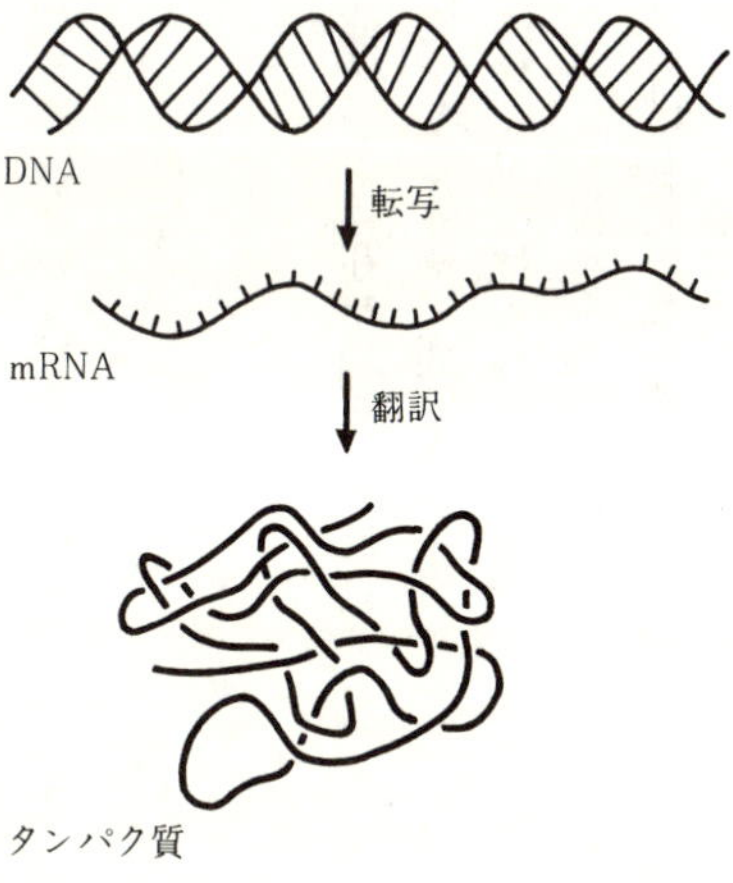

遺伝子からタンパク質へ

ヒトゲノム計画の話に入る前に、そのもととなる遺伝という現象、遺伝子、染色体、DNAなどの基本的な知識を整理しておきましょう。

わたしたちと遺伝

遺伝の法則を発見し、また遺伝の単位となる遺伝子の存在を想定したのはメンデルですが、わたしたちは日常生活のなかで、親子はよく似ていることや、血筋という言葉を使ったり、無意識のうちに遺伝という現象や遺伝子の存在を体験し、受け入れています。

このような遺伝は、父親の精子と母親の卵子を通して親から子へ遺伝物質が伝わることでおこります。精子と卵子の受精後二八〇日程度で、目にも見えない受精卵から、手、足、頭など五体をもつヒトに成長します。これは、学問的には、遺伝子のプログラムによって進行する、発生と分化とよばれる過程です。親と子は、ときにはほほえましいほどに顔や体のつくりがよく似ています。これは、発生、分化ではたらく遺伝子が、顔や体のつくりの微妙なちがいまでも支配していることをしめしています。

一方、わたしたち東洋人は比較的似ていますが、同じヒトといっても、白人や黒人のようにわたしたちとは異なる人種が存在します。これは、ヒト遺伝子のもつ情報には大きな多様性があることをしめしています。動物園で見るチンパンジーやゴリラは、わたしたちヒトとどこか似かよっており、わたしたちと近い存在であることを直観的に思わせます。このようなヒトや生物の多様性を生みだすのも遺伝子の情報であり、進化とよばれる過程です。

また、わたしたちは日常生活のなかで、がんや糖尿病などいくつかの病気が同じ家系のなかでおこりやすいことを経験的に知っています。これは、遺伝子とある種の病気のあいだに密接な関係のあることを物語っています。

遺伝子の基礎知識

遺伝現象の法則性を明らかにしたのはメンデルであり、その後、数十年にわたる研究をへて、遺伝子の化学的本体は「ＤＮＡ(デオキシリボ核酸)」であることがつきとめられたことは1章で述べました。

ＤＮＡは、デオキシリボースという糖に、アデニン(Ａ)、チミン(Ｔ)、シトシン(Ｃ)、グアニン（G）という塩基が結合した単位が、リン酸基を介してつながった長い鎖状の構造をしています（図1・1参照）。塩基-糖-リン酸からなる単位を、ヌクレオチドとよびます。

ヒトの細胞では、そのDNAは核とよばれる部分の染色体のなかに、おもに存在しています（図2・1）。ヒトには大きさの順に一番から二二番までと、男女を決めるXとYの合計二四種類の染色体があります。染色体に存在するDNAが、ヒトが生きるために必要なすべての遺伝情報を担っています。このような遺伝情報のセットを「ゲノム」とよび、それを担うDNAをゲノムDNAとよびます。

一九五三年に、ワトソンとクリックによって、有名なDNAの二重らせん構造が発見され、遺伝情報がDNAの構成成分であるA、T、C、Gの四種の塩基の並び方にあることがはっきりとしてきました。

しかし、わずか四つの構成成分からなるというDNAのシンプルな構成にくらべて、生きものがもつゲノムDNAはあまりにも大きく、最小のウイルスのゲノムDNAでも約五〇〇〇ヌクレオチドから、ヒトのDNAは約三〇億ヌクレオチドからなっています。二重らせん構造が明らかになった後も、遺伝子の情報がDNAのなかに具体的にどのように書かれているかは、あいかわらず謎のままでした。

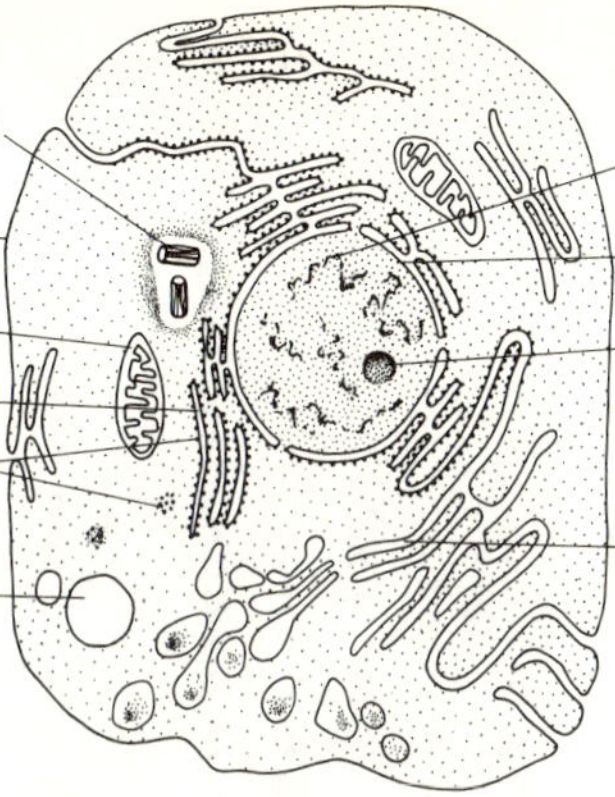

図2.1　細胞の内部構造

遺伝子からタンパク質へ

その後の研究で、DNAの塩基A、T、G、Cの並び方(シークエンス、配列)のなかに、遺伝子という意味のある情報がとびとびに埋めこまれていることがわかりました。遺伝子がはたらくときには、まず、その部分がRNA(リボ核酸)という物質にコピーされます(本章扉)。これを「転写」とよび、つくられるRNAをメッセンジャーRNA(mRNA)といいます。つぎに、mRNAの情報をもとに、タンパク質がつくられます。これを「翻訳」とよびます。

タンパク質は遺伝子の機能を実行する物質で、アミノ酸という単位物質からできています。生物は二〇種類のアミノ酸を使っていますが、その二〇種類のアミノ酸の並び方によって、さまざまな機能をもつタンパク質が生まれるのです。

遺伝子は、このタンパク質のアミノ酸の並び方を決めているのです。遺伝子のなかでは、二〇種類のアミノ酸はA、T、G、Cのうちの三塩基を使って規定されています。たとえば、ATGならメチオニン、TTTはフェニルアラニン、AAAはリジンに対応しています。この三塩基と二〇種類のアミノ酸の対応関係はすべてわかっています。

遺伝子の情報はDNA上で分断されている

ひとつのタンパク質をコードする遺伝子上の領域は、ひとつながりのものであると思われていました。これは、大腸菌などのバクテリアではいまでも正しいのです。しかし、咽頭炎などの原因ともなるアデノウイルスの遺伝子を研究していた、アメリカのリチャード・ロバーツとフィリップ・シャープらは、一九七七年にそれぞれ独立にその遺伝子が分断されていることを発見しました。

かれらは、アデノウイルスのタンパク質をつくる際に用いられる遺伝情報のコピーであるmRNAと、そのコピーをつくるもとになったアデノウイルスDNA（遺伝子）の構造をこまかく比較したところ、DNAとmRNA分子は一対一に対応せず、mRNAに対応する部分はD

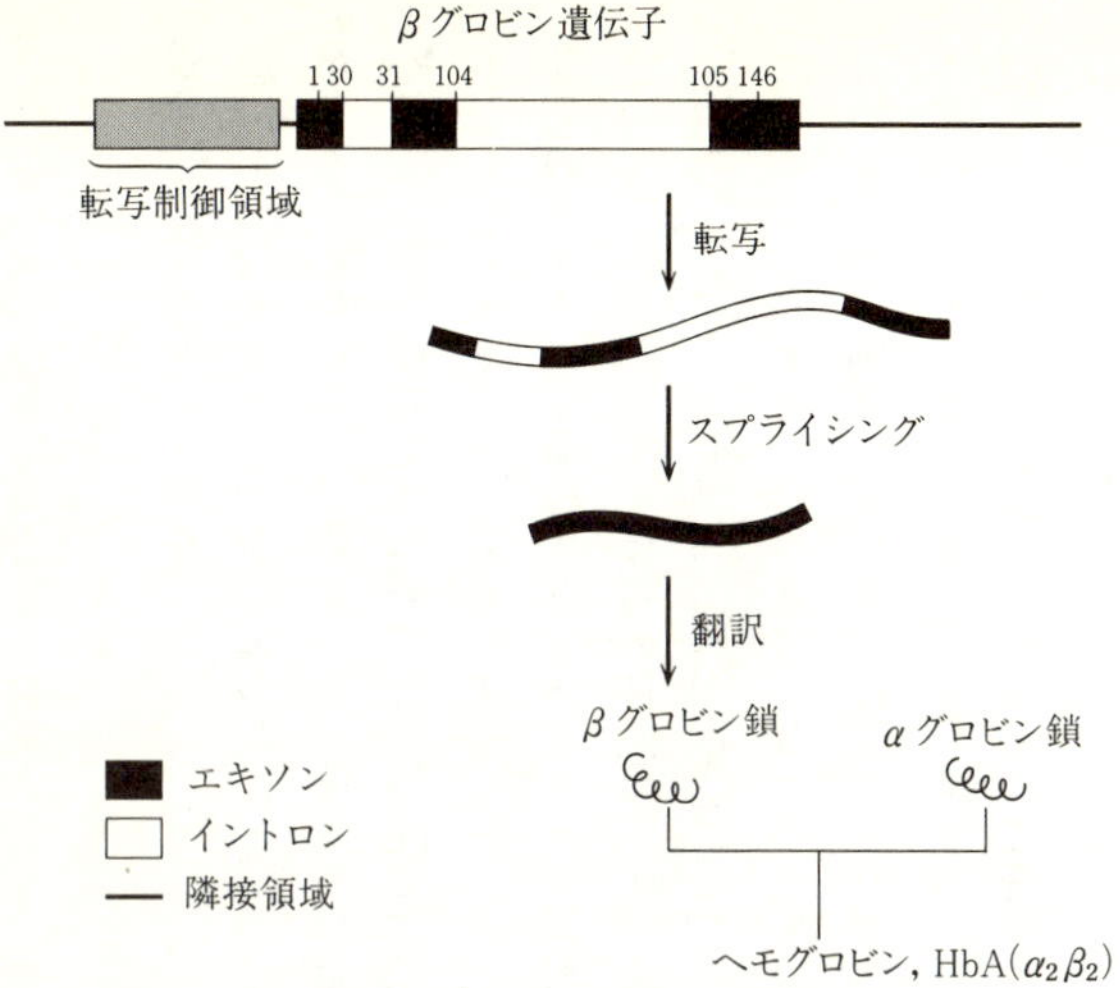

図 2.2　βグロビン遺伝子の構造と発現(エキソンの上の数字は，コードするアミノ酸の順番)

NA上にとびとびに存在することを発見したのです。

これをきっかけとして、分断遺伝子がつぎつぎと発見されました。その結果、ヒトではほとんどの遺伝子が分断されていることがわかりました。

ヘモグロビンの構成成分であるβグロビン遺伝子の例をしめします(図2・2)。

DNAのうち、mRNAに対応する部分をエキソン、エキソンとエキソンのあいだをイントロンとよびます。この分断された情報(エキソンの部分)は、RNA分子のスプライシング(つなぎあわせるという意味)とよぶ反応によって、ひとつの情報にまとめられます。

遺伝子にはファミリーがある

遺伝子構造の解析がすすむにつれて、遺伝子のなかには、構造やはたらきの面でよく似たものがあることがわかってきました。それらには二つのタイプがあります。ひとつは構造全体がよく似ており、機能もきわめて近い仲間です。もうひとつは構造的にも機能的にも、一部のみが類似しているタイプのものです。

前者のグループは遺伝子ファミリーとよばれ、ヘモグロビンを構成するグロビンの遺伝子群がその典型的な例です。後者の仲間はスーパーファミリーと名づけられ、たとえば、ホルモン受容体(ホルモンと結合し、細胞や臓器のはたらきを調節するタンパク質)遺伝子の仲間がそれにあたります。ゲノムＤＮＡは、ヒトの一生というような時間スケールでは、免疫抗体遺伝子などいくつかの例外を除いて、安定で変化しにくいものです。しかし、遺伝子ファミリーやスーパーファミリーの存在から、ゲノムＤＮＡが、進化という時間スケールではダイナミックに組換え、再構成をくりかえしてきたことを読みとることができます。

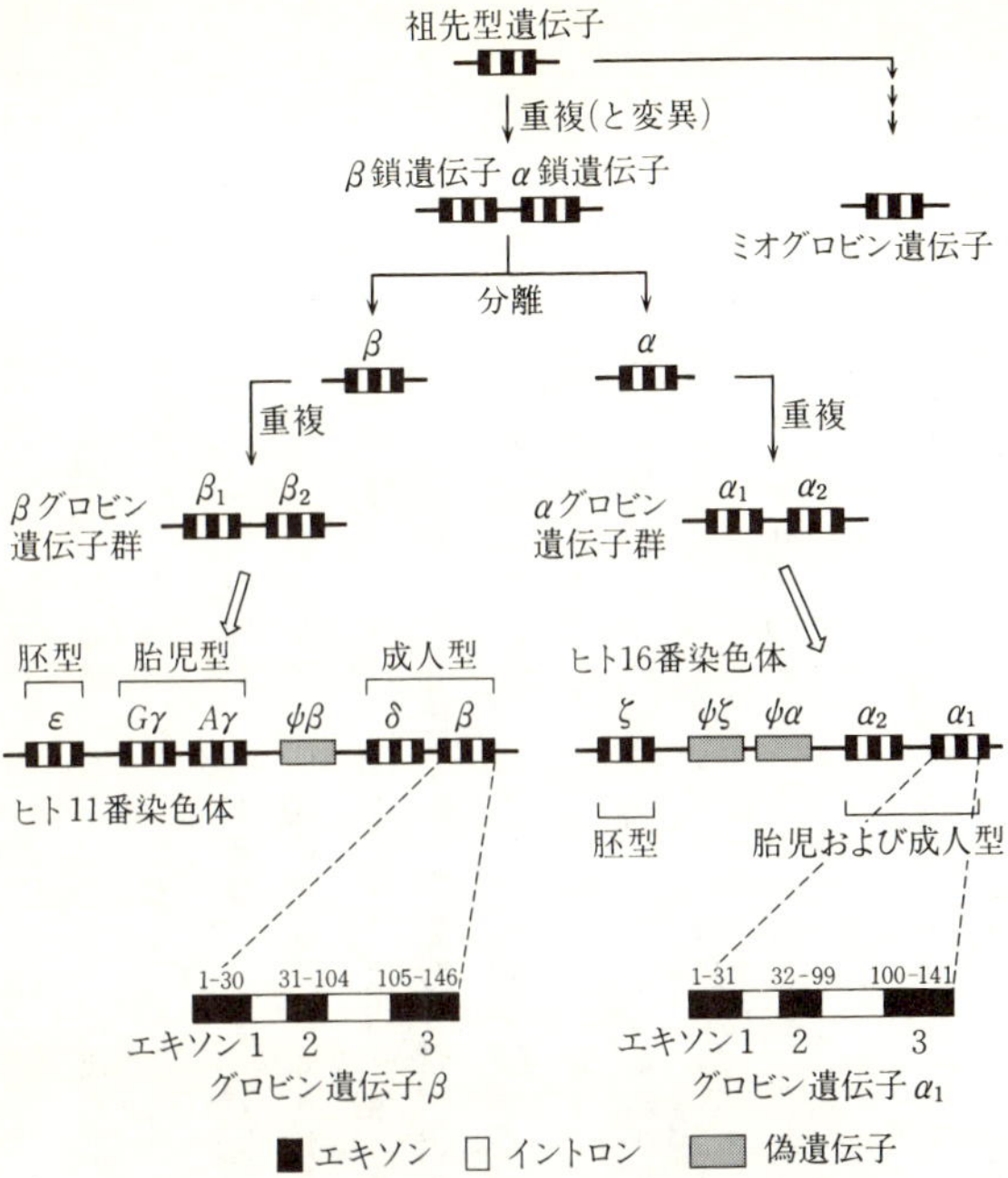

図2.3　グロビン遺伝子ファミリーに見られる重複と進化（偽遺伝子は，重複した遺伝子のなかにあり，突然変異によって遺伝子として機能しなくなったもの）

グロビン遺伝子ファミリー

ヘモグロビンは、α鎖とβ鎖とよばれる単位（サブユニット）が二つずつ会合した分子です。

α鎖、β鎖の遺伝子はたがいによく似ており（図2・3）、エキソンとイントロンの大きさや位置関係はほぼ同じです。このことは、両者が同じ祖先型遺伝子から生まれたことを物語っています。また、ヒトグロビンのα鎖とβ鎖の遺伝子には、それぞれさらにαグロビン遺伝子群、βグロビン遺伝子群とよばれるひじょうによく似た仲間があります。

ヘモグロビンは生物界に広く分布しているので、さらにいろいろな生物のグロビン遺伝子を調べ、くらべてみることができます。その結果、それらの構造はたがいによく似ており、グロビン遺伝子のファミリーはひとつの祖先型の遺伝子から重複と変異をくりかえして成立してきたと考えられます。すなわち、図2・3にしめしたように、もっとも古い祖先型遺伝子が重複し、それぞれに独立に塩基配列の変化をおこす突然変異がすこしずつ蓄積して、わずかに性質のちがったα鎖とβ鎖に分かれ、その後さらに重複と変異を重ねて今日のαグロビン遺伝子群およびβグロビン遺伝子群が成立したと考えられています。

また、ヘモグロビンと同じように酸素の運搬をするミオグロビンの遺伝子も、エキソンとイントロンの構成がグロビンとよく似ており、α鎖とβ鎖の成立以前にグロビンと分岐したもので、グロビン遺伝子ファミリーのメンバーであると考えられます。

遺伝子は時と場所と程度をこころえてはたらく

遺伝子構造の研究から、わたしたちがじつに多種多様なはたらきをもつ遺伝子をもっていることがわかりました。それらを大きく分けると、生物個体を構成するすべての細胞にとって共通に必要な機能(エネルギー代謝や細胞の構造維持など)を担うものと、それぞれの細胞や臓器が担う特異的な機能(たとえば赤血球なら酸素の運搬、眼ならば視覚)を担うものがあります。前者はハウスキーピング遺伝子とよばれ、恒常的に発現するように調節されています。一方、後者は、発現する場所と時期と量を適切に調節しながら、はたらきます。たとえば酸素を運ぶヘモグロビンを構成するグロビンの遺伝子群は、赤血球を形成する赤芽球でのみ発現します。

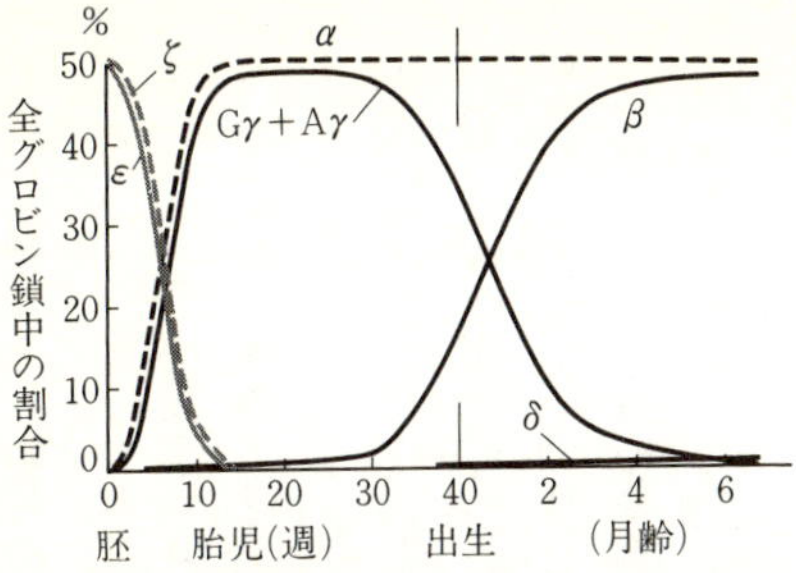

図 2.4　発生過程におけるグロビン遺伝子群の発現の変化(α, β, γ, δ, ε, ζ **はグロビン鎖，** Gγ + Aγ **は 2 種類の** γ **鎖をしめす**)

ヘモグロビンはα鎖群のグロビンとβ鎖群のグロビンが、二分子ずつ会合した四量体としてはたらきますが、図2・4にしめすように、α鎖群、β鎖群ともに発生の過程に応じて生産するグロビンタンパク質が変化します。胚の段階ではα鎖群のζとβ鎖群のεがつくられ、胎児期はα鎖群のαとβ鎖群のGγとAγが、そして出生後は成人型であるα鎖とβ鎖が生産されます。

さらに、α鎖群とβ鎖群がほぼ同量できるように、量を調節して発現することが要求されています。

このように、必要なときに必要な遺伝子を必要な量だけはたらかせるという、この遺伝子のはたらきを制御するメカニズムはどうなっているのでしょうか。その解明は、発生・分化の過程や免疫系など、わたしたちの体の高次機能の理解にとって欠かせません。

免疫抗体遺伝子では、ゲノムDNAの再構成を利用して遺伝子発現のスイッチをオンにする例もありますが、一般的には、ゲノムDNAの構造は変わらないまま、遺伝子の発現のスイッチのオン・オフが制御されています。ジャコブとモノーは、大腸菌の遺伝子の研究から、遺伝子には転写制御領域が存在し、そこに制御タンパク質がはたらきかけるという考え方(リプレッサーによる制御モデル)を提唱しました。これは基本的に、動物細胞でも正しいことがわかってきました。しかし、そのしくみはかなり複雑なもので、詳細についてはいまも研究がすすめられています。

3　ヒトゲノム計画はじまる

キャピラリーシークエンサー

ヒトゲノム解析は地図づくりから

ヒトゲノム計画の目標は、ヒトゲノム上に書かれたヒトの全遺伝子情報を解読し(たんなる配列決定ではない!)、わたしたちの生きるしくみを明らかにし、人類の繁栄に役立てることにあります。しかし、ヒトゲノムは全体で三〇億塩基対、長さにしてじつに約一・五メートル、そのなかに数万種類の遺伝子が島のように点々と存在する、巨大なものと予想されました。

ゲノム計画が立案された頃は、構造の解明されたヒト遺伝子はわずか六〇〇~七〇〇個にすぎませんでした。これは全遺伝子の一%程度にすぎず、九九%はまったく何もわかっていない状況でした。また、マキューージックの本(6章参照)にリストアップされた遺伝性の病気のうち、遺伝子と対応のついているのは数%でした。

ヒトゲノムの全解読に向けて、科学者が大筋で合意したもっとも基本的な戦略は、まずヒトゲノムDNA上に分析の拠点となる目印を位置づけた「ヒトゲノム地図」をつくり、それを出発点としてゲノムの構造のさらにこまかい分析をすすめ、さまざまな性質や病気に対応する遺伝子を決定するという方法でした。

地球上の人口は約六〇億といわれており、ヒトDNAの塩基対数(三〇億)と同程度です。したがって、それは人間一人一人を調べるために地球全体の地図をつくり、国や都市の位置を明確にしてから、それぞれの単位ごとの活動や特色を調べ、さらにくわしい人口調査をおこなって一人一人の役割を明らかにするのと似ています。

全体で数万種類あるヒト遺伝子のなかで、ヒトゲノム計画が、医学・医療と直結する病気の遺伝子を見つけだすことを最初の目標とすることは、きわめて妥当であるといえます。1章で述べたように、連鎖解析などによる疾病遺伝子の解析には、DNA多型マーカー(目印)が必要になります。それも、たくさんのマーカーをゲノム上に並べたゲノム地図、とくにマーカー間の位置関係を遺伝的に割りだした遺伝地図をつくることが重要なのです。遺伝地図は、精子や卵子をつくるときの減数分裂の際に、父親由来と母親由来の染色体のあいだでおこる交叉(組換え)の頻度をもとにつくられる地図です。

ある二つのマーカーがたがいに接近していれば、両者のあいだで交叉はおこりにくく(連鎖が強い)、遠く離れていれば交叉の頻度が高く分離しやすいのです。二世代、三世代にわたって、家系で二つのマーカーが同時に子どもへ伝わる頻度を測定することにより、両者の遺伝的距離が推定されます。

一〇〇人の子どもを調べて、そのうちの一人にのみ二つのマーカーの分離が見られたときに、両者は一センチモルガン離れていると推定します。ヒトゲノム全体は三三〇〇センチモルガンです。ヒトゲノム計画では、平均一センチモルガンに一個のDNA多型マーカーをもつ遺伝地図の作成が、ひとつの目標とされました。このような高精度の地図づくりでは、多数のDNA多型マーカーと、それらの連鎖を調べる大きな家系のDNAサンプルが必要になります。

ゲノム地図づくりではフランスが最大の貢献

1章でDNA多型として、制限酵素切断部位の多型RFLPを紹介しました。しかし、RFLPは「切れる」「切れない」の二つのタイプしかなく、疾病の家系分析ではたびたびどちらか一方のタイプのみがあらわれて、多型マーカーとして役立たないことがありました。

その後、ゲノムDNAのなかに二〇〜三〇塩基の短い配列、あるいはCAやGTのように二塩基配列が何回かくりかえす部位が多く発見され、そのような部位ではくりかえし回数がいろいろと異なるいくつもの多型があることがわかりました(図3・1)。これらの多型は、それぞれミニサテライトあるいはVNTR、マイクロサテライトあるいはジヌクレオチドリピートとよばれ、ゲノムの同一部位についていくつもの多型をしめす有用性の高いマーカーとして、遺

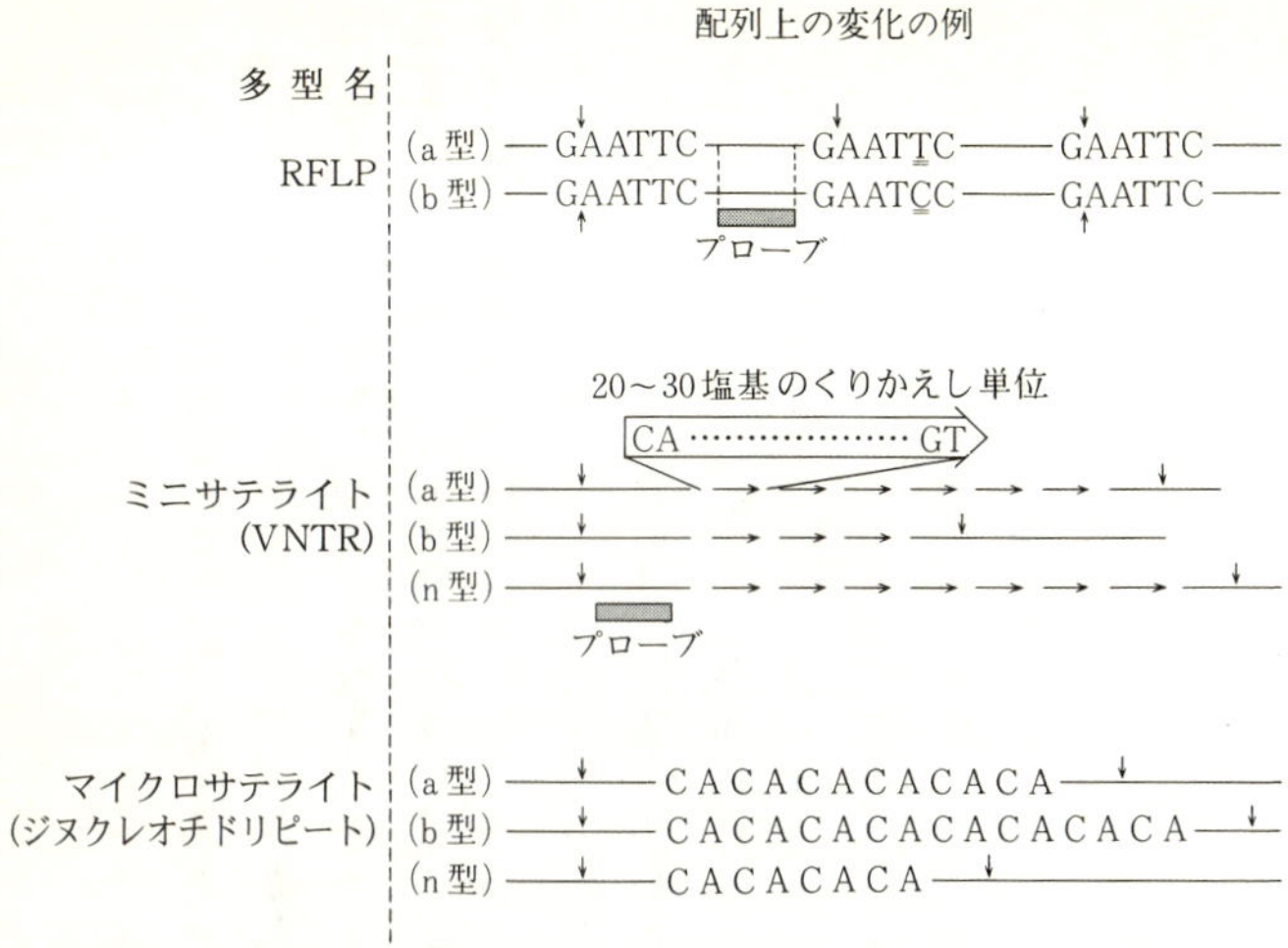

RFLP (restriction fragment length polymorphism)
: 制限酵素切断断片の長さのちがいとしてプローブ(探索子)を用いて検出
VNTR (variable number of tandem repeat)
: 短いくりかえし単位のくりかえし数のちがいを検出
ジヌクレオチドリピート
: 2塩基配列のくりかえし回数のちがいを検出

図 3.1　DNA 多型の例(↓：制限酵素切断部位，＝：多型部位)

伝地図づくりの中心となりました。ＶＮＴＲマーカーを開発したのは、当時ユタ大学のレイ・ホワイトのもとにいた中村祐輔(現東京大学教授)です。

多型マーカー間の連鎖を解析する対象として注目されたのは、アメリカのユタ州にあるモルモン教徒の家系でした。一夫多妻であったモルモン教徒には大家系が多く、しかも教会の記録がしっかりしており、ヒト遺伝学にとっては貴重な存在です。人類遺伝学者レイ・ホワイトはこの研究のためにユタ大学に本拠を移したほどです。

フランスの研究所CEPH(ヒト多型研究センター)は、ユタ州のモルモン教徒の家系をはじめ、世界中から多数の大家系サンプルを集め、それらのDNAを世界中の研究者に供給し、そこで得られた連鎖解析の結果を収集することを試みました。その一方で、筋ジストロフィー協会の援助のもとに、新しい研究所ジェネトンを設立し、自らも大々的なマイクロサテライト多型の分離と連鎖解析を展開しました。

その結果、ジャン・ワイゼンバッハを中心とするチームは、一九九四年には約三〇〇〇のマイクロサテライトを位置づけた地図を完成させました。ジェネトンとアメリカのグループの成果を含めて、約六〇〇〇のDNA多型マーカーが位置づけられたヒトの遺伝地図が一九九四年末にはできあがりました(図3・2)。これは、ヒトゲノム計画の最初の目標である「平均一センチモルガンに一個のDNA多型マーカー」をほぼ満足させるものでした。

遺伝地図をもとに病気の遺伝子をゲノム上に位置づけた(これをマッピングとよびます)のちには、その領域のDNAを単離(クローニング)することが必要になります。

そこで、CEPH・ジェネトンのダニエル・コーエン(図3・3)は、ヒトDNA断片をパン酵母の人工染色体(YAC、62ページ参照)に組みこんだ多数のクローン集団をつくりました。

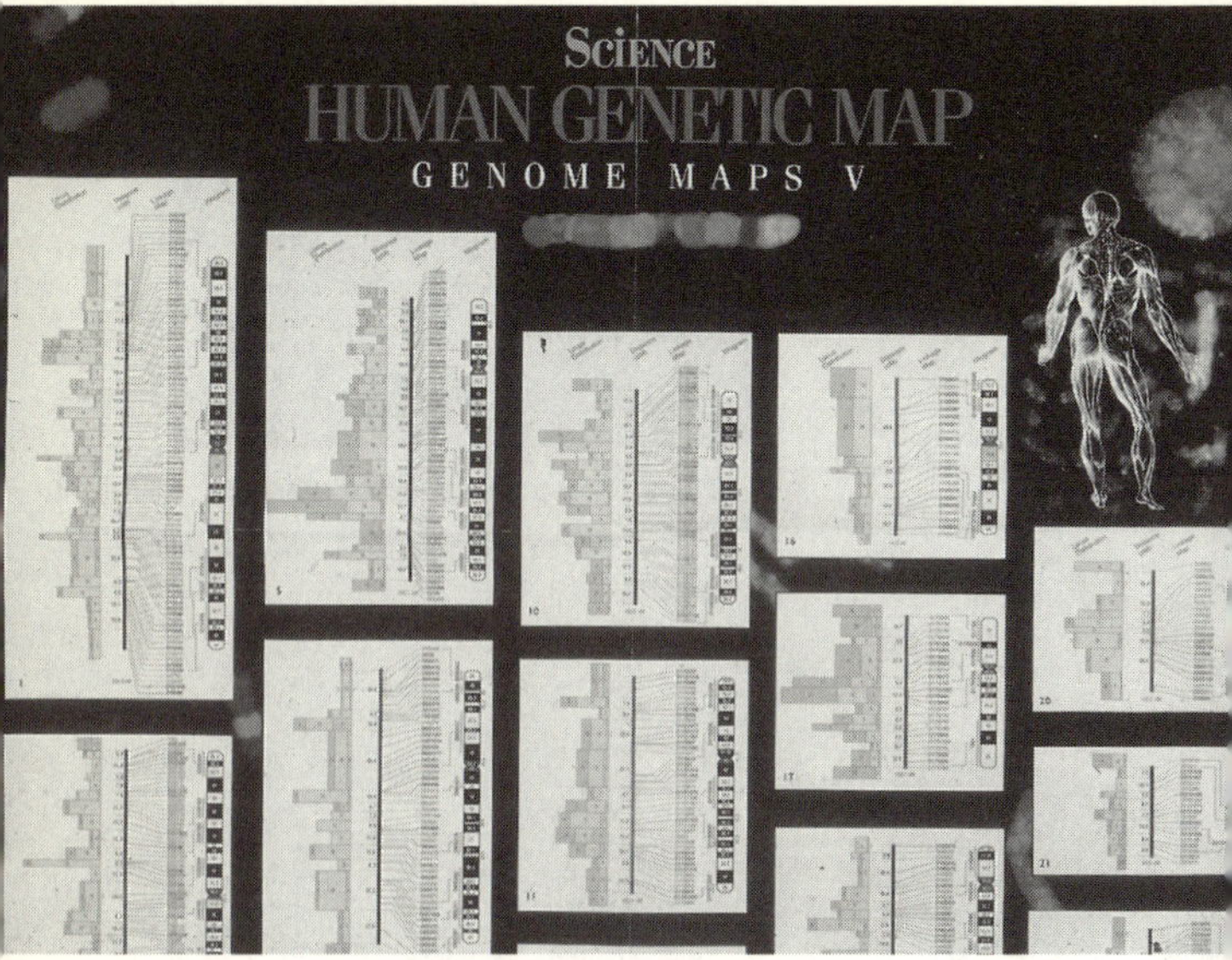

図 3.2　ヒト遺伝地図(『サイエンス』より)

つぎに、一つ一つのクローンがもつヒトDNA断片を、それぞれヒトゲノム上のDNA多型マーカーに対応させて並べていき、ヒトゲノム全体をクローン化されたヒトDNA断片でカバーすることを考え、徹底的に自動化した工場のような施設をつくりました。そして、一九九二年一二月にはヒト二一番染色体、九三年一二月にはヒトゲノムのほぼ全域(実際は八割程度)を、クローン化DNA断片でカバーすることに成功しました。クローン化DNA断片をもとに、ジグソーパズル方式でヒトゲノム全体を埋めることを想像すればいいわけです。このようなDNA断片のつながりの地図を「物理地図」とよび、九三年につくられたのは第一世代の物理地図です。

日本とそれほど研究の規模がちがわないフランスが、なぜ成功したのでしょうか。まず、すばやく民間組織ジェネトンを設立し、大々的な資金投入により、設備も人材もフレキシブルに時代の流れにマッチさせたことがあげられます。さらに、その背景に、ノーベル賞受賞者のジャン・ドーセが、CEPHという民間組織を自力でつくりあげ、長年にわたって研究資材や人材を養成してきたことも重要だったと思われます。

図3.3　ダニエル・コーエン(1999年)

立ち遅れた日本

ゲノム計画が立ち上がってからは、各国とも力を入れたのですが、振りかえってみると、民間の資金を使って柔軟に対応したところはうまくスタートでき、政府頼りだったところは遅れてしまったのです。日本も政府頼りだったので、一歩出遅れたという感じがします。

日本では、1章で述べたように、東京大学医科学研究所にヒトゲノム解析センターが設立されましたが、一〇〇%政府資金に依存していたために、思うような研究の展開は困難でした。一大学の一研究所の一附属センターなので、予算の要求も、研究所のなかで上位の要求順位になり、さらに巨大な東京大学のなかで上位にならなければ実現しないのです。いまでこそ「ゲノム」に強い追い風が吹いていますが、当時はそよ風程度でした。建物すら、プレハブの六〇〇平方メートルほどのものが、要求から二年後に建つというペースでした。

そのような状況下でしたが、国立がんセンターの大木操のグループは、二一番染色体DNAの制限酵素(DNAを特定の部位で切る酵素)による切断パターンをもとにした「制限地図」とよばれる地図を完成させました。染色体全体の制限地図として世界初のものでした。この地図をもとに、大木グループは急性骨髄性白血病の原因遺伝子を発見しました。

cDNAプロジェクトは日本生まれ

逆転写酵素を用いてmRNAをDNAに変換したものを、cDNAといいます。日本のプロジェクトの立ち上げに際し、遺伝子情報を効率よく得るためゲノムではなく、cDNAを解析すべきであるというアイディアが、吉田光昭(現萬有製薬つくば研究所長)から出され、松原はその考えを高く評価し、プロジェクトのひとつの柱としました。松原と大久保公策(現大阪大学教授）は、ヒトの各臓器からとりだしたmRNAをcDNAに変換し、それを用いてmRNA（cDNA）分子種の分布で各臓器を特色づけるボディーマッピングという新しい考え方を提出しました。

その後、東京大学医科学研究所の菅野純夫、理化学研究所の林崎良英はそれぞれ独立にmRNAを完全にcDNAに変換して、完全長cDNAを作成する技術を確立しました。二人の技術は世界の最先端をいくもので、現在完全長cDNA解析で日本は世界をリードし、日本のゲノム研究の柱として大きな役割をはたしています。

バミューダ会議

ゲノム地図の完成に目途の立った一九九四年後半から、いよいよ塩基配列決定への動きがはじまりました。サンガーセンターのジャン・サルストンとワシントン大学ヒトゲノムセンターのリチャード・ウォーターストーンは、線虫ゲノム解析の経験をもとに、ヒトゲノムの全配列を一〇年以内に決定できるとの見通しを発表しました。日本でもこの動きに対応する準備をすすめていました。しかし、あとでくわしく述べるように、科学技術庁のJICST（日本科学技術情報センター）を通じていくつかの研究機関にお金を分けて、国際的には小規模なレベル

図 3.4　バミューダ会議(前列中央がワトソン，前から4 列目右端が筆者)

でスタートするのがやっとでした。ここでもまた立ち遅れたのです。対応はしたのですが、なにしろ規模が小さかったのです。そのため、計画をすすめる方針を決めるときの国際的な発言力も、どうしても小さくなります。

一九九六年二月には、ヒトゲノムの全塩基配列を決定するプロジェクトを国際協力ですすめようという、はじめての国際会議が、イギリスのウエルカム・トラストとアメリカのＮＩＨ(国立衛生研究所)

が主催して、バミューダに各国の研究者を集めて開かれました(図3・4)。このときも結局、日本は主導的立場をとれませんでした。

国際的なプロジェクトにはいろいろなケースがあります。今回のヒトゲノム計画は、どれひとつとして、政府間で調印してからはじめたというものはありません。まず、アメリカが言いだして、世界中の多くの研究者がぜひやろうと言い、各国が必要性と重要性を認識してスタートしたのです。つまり、ひじょうに巨大なテーマだから国際的に協力してやろうというのは、研究者どうしのつながりから発生したのであって、政府間で組織をつくってはじめたわけではありません。

じつは、一九八九年にＨＵＧＯ(国際ヒトゲノム機構)という団体ができたのです。研究者が自発的につくった、国際プロジェクトを連携しながらすすめていくための連絡機関ですが、ここが調整の役割をするわけではありません。そのように、この分野の研究者は協力してやろうという姿勢が強く、どんどんすすんできたのです。

ところが、そういうなかで発言力をもつのは、とうぜん力をもっている研究機関や国の研究者になります。実行力が大きければ大きいほど、その人の発言力は増すわけで、日本の発言力は、予算規模やいろいろな意味でどうしても弱かったのです。

ともかく、ヒトゲノム全解読プロジェクトがすすみだしたのですが、日本にもイギリスやアメリカのように大きなセンターが絶対に必要だということで、わたしたちは政府や関係機関につよくはたらきかけました。一九九八年一〇月にようやく理化学研究所にゲノム科学総合研究センターができました。一九九六年二月にプロジェクトがはじまってから二年半たって、国際的なレベルに見合う巨大センターがやっとできあがったのです。

二〇〇〇年六月、「ヒトゲノム配列の概要を決定した」と国際プロジェクトチームが発表したとき、日本の出したデータはわずか六%にすぎませんでした。「日本はわずか六%の貢献にすぎない」とか「これだけしかできなかった」といいますが、これはヒトゲノムの塩基配列決定に対する国の認識の程度をあらわしているようなものです。アメリカが六五%を決め、イギリスが二二%、日本が六%、フランス、ドイツは二%、中国が一%です。日本はけっして少なくありません。もしセンターをもう一年前に建てていたら、日本の貢献は十数%、あるいは二〇%近くにいったかもしれないと思います。

アメリカはフレキシブルに予算を使いますし、ベンチャー企業もあり、国としてもセンターをつくっています。イギリスはウェルカム・トラストという民間機関が巨大なお金を注ぎこんでやっています。日本も政府のお金だけを頼りにやっていると、これからの展開でもアメリカやイギリスに遅れをとることになります。先見の明をもって、研究するとなったら、早く十分な予算をつけて対応しないといけません。そのことは大きな教訓として残りました。

キャピラリーシークエンサー

一九九六年二月に、ワトソンが中心になって国際的なコンソーシアムをつくり、ヒトゲノムの全解読作業をはじめました。そのときの計画は、二〇〇五年までにすべての塩基配列を決定するというものでした。

当時の技術レベルからいうと、ほんとうにできるかなと悲観的な人もいましたし、楽観論の人もいました。ところが、一九九八年を境にして、ようすがガラリと変わるのです。

キャピラリー(管)型のDNA自動シークエンサーが登場したのです(本章扉)。それまでは、ガラス平板の上にゲル(寒天のようなもの)をつくって流すという方式で、一台が一日に読める塩基の数はたかだか一〇万にすぎませんでした。ところが、キャピラリーシークエンサーはひじょうに速く読むことができたのです。

平板型のシークエンサーは、速く読もうと思うと、大きな電圧をかけなければならず、熱が出てガラス板が割れることになります。そのため、かけられる電圧にかぎりがありました。キャピラリーはひじょうに細いガラス管で、大きい電圧をかけても、細いために熱がどんどん放散します。そのため高圧をかけることができ、ひじょうに高速で読めるのです。ですから、実際には一日に一台が一〇〇万塩基を読めるぐらいにスピードアップしました。高速の読みとり装置ができたのです。

この装置でもっともむずかしいところは、キャピラリーの中を流れているものが何であるかを、横から読むところです。横からレーザーを当て、レーザーが当たったことによって出てくる蛍光物質の色で、塩基の種類を読むのです。

図 3.5　神原秀記(2000 年)

ところが、レーザーを当てるキャピラリーは丸いので、乱反射したりします。では、どうやって当てればいいか。日立製作所の研究所に神原秀記という人がいます(図3・5)。一九八七年当時の和田プロジェクトで、中心になって開発をすすめていた人です。彼はずっとシークエンサーの開発をしており、新しいシースフローという方式を開発したのです。

シースフローというのは、キャピラリーの一カ所にわず

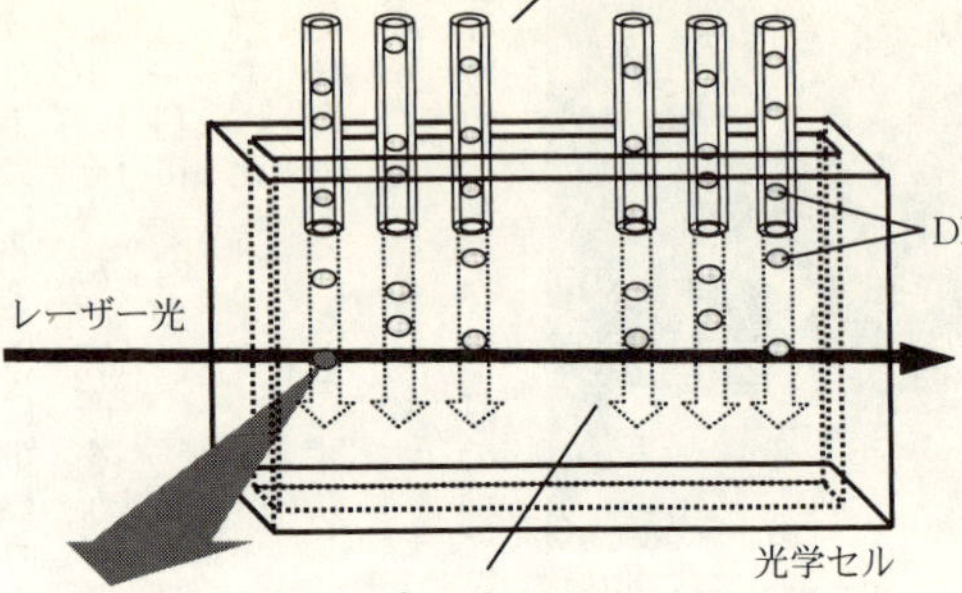

図 3.6　シースフロー方式

かな切り込みを入れ、流れてきた液にそこでガラスを通してではなく、直接光を当てて読みとる方式です(図3・6)。キャピラリーの中を流れてきた液は、切れ込みのところで横へ漏れたりせずに、下へ流れていくようになっています。彼は、キャピラリーに微細加工をして、そこにレーザーを当てて読むという技術を開発していたのです。彼はその特許をもっていたのですが、残念なことに、日立はそれを応用したシークエンサーを完成させることがなかなかできませんでした。

一方で、アメリカのアプライド・バイオシステムズという会社は、それまで平板型のひじょうにいいシークエンサーをつくっていました。そしてキャピラリーを使った装置も開発しようとしていたのですが、読むところで問題があったのです。それが一九九八年の三月に、日立と技術提携をしたのです。それでシースフローの方式を使って、一気に新しいシークエンサーをアプライド・バイオシステムズ社は完成させて、いまや世界市場の七割は彼らのシークエンサーが支配しています。

日本はいい技術をもっていたのですが、それを十分に活かしきれないで、シークエンサーの開発を基本的にはアメリカにゆだねてしまったのです。その装置には、アプライド・バイオシステムズ社と日立と二つの名前がついているのですが、国際的にはアプライド・バイオシステムズ社のシークエンサーとなっていて、残念です。ともかく、このキャピラリーシークエンサーができたことによって、解析のスピードがひじょうに上がりました。

セレラ社の登場

解析スピードが上がると、ヒトゲノムの三〇億塩基は、それまで「できるかな」と思っていたのが、比較的かんたんに解析できそうだと思えてきました。国際プロジェクトでも、二年ぐらい早くできるかもしれないと考えだしたのです。

ところが、装置をつくったアプライド・バイオシステムズ社が、自分たちの装置を大量に使ってヒトゲノム全体を自分たちで読もうと、一九九八年の五月に会社をつくったのです。クレイグ・ベンター(図3・7)といっしょにつくったその会社が、有名なセレラ・ジェノミクス社です。

ベンターは、昔からゲノム解析で挑戦的な研究をしていた人です。彼は一九九二年に、ヒトの遺伝子が発現するmRNA(メッセンジャーRNA)の断片をわずかずつ読んだ、EST(発現配列タグ)とよぶcDNA(相補的DNA。mRNAから合成された一本鎖DNAで、mRNAと相補性をもつ)の断片を大量に集めて、そのなかから意味のある情報をとりだして、有用なものが見つかったら特許をとろうと言いだしたのです。当時、ベンターはアメリカのNIHに在籍していて、NIHは彼が特許をとることを許可しませんでした。

彼はNIHを飛び出して、TIGER(The Institute of Genome Research)という会社をつくりました。そして、スミスクラインビーチャムという製薬会社の支援を受けて、研究をスタートしました。彼はそこで、大量のESTデータをとって、ヒトゲノム全体についてどこに何があるか、どんな遺伝子がありそうか、遺伝子がどこではたらいているか、という意味の地図づくりをはじめていたのです。そこで、4章で述べるように、一九九四年のワシントンの「ヒューマンゲノム一九九四」という国際会議で、彼は「ひととおり完成した」と発表したのです。

話がすこし飛びますが、彼のデータのなかに、おもしろいデータがありました。ヒトの家族性(遺伝性)の大腸がんに、原因となる遺伝子がなかなか見つからないものがありました。ところが、その患者の細胞はDNAにできた傷を修復する力がひじょうに弱いということが、実験的にわかったのです。

彼は、自分たちがたくさんコレクションをしたcDNAのなかから、大腸菌でいくつかわかっていたDNAの修復酵素とよく似た配列があるということを、コンピュータ上で見つけだしました。それを実際に患者にテストすると、その遺伝子の異常が家族性の大腸がんの原因になっていたのです。彼のコレクションは、そういう意味では医学でけっこう役立っていました。ともかくベンターは、大量に配列を決めて、そこから必要な情報を引き出すということを得意にしていたのです。

図3.7 クレイグ・ベンター(1998年)

彼がつぎにした仕事は、インフルエンザをおこす菌ではないのですが、インフルエンザのときによく見られるエゴフィルスインフルエンザという菌のDNAの全配列を、一九九五年に決めたことでした。

このときもひじょうに大胆な方法を使いました。それまでは断片を一個一個とって、配列を決めてはつないでいたのですが、ベンターが使ったのは、ゲノム全体をすべてバラバラにして、それぞれの配列を決めて、コンピュータ上でつなぐという方法でした。「ホールゲノムショットガン」という方法です(図3・8)。いろいろと問題はあったのですが、DNAの全配列をともかくあるレベルに完成させたのです。

ベンターがパーキン・エルマー社のハーン・キャプラーと手を結んで、一九九八年にヒトゲノムの配列を全部決めるためのセレラ・ジェノミクス社をつくったことはすでに述べました。直前の一九九八年四月、わたしたちは東京で「アドバンスト・ジェノミクス」という第一回の国際ゲノム会議を開きました。そこにベンターを基調講演のために招いたのです。パーティで、彼は「これからひじょうに重要な発表をする。日本もあまりあわてた決定をしないほうがいい」という意味ありげなことを言って、アメリカに帰っていきました。その二週間後、彼らは「セレラ社をつくる。ヒトゲノムを全部解読する」と発表したのです。

彼らはまずショウジョウバエでいろいろなテストをして、翌九九年から実際にヒトゲノムの解析をはじめるということになりました。多くのキャピラリーシークエンサーを使って解読するのですから、データの生産スピードはひじょうに速いといえます。しかし、彼らの方法はホールゲノムショットガンですから、全体のデータがたまるまでは全塩基配列はわからないこと

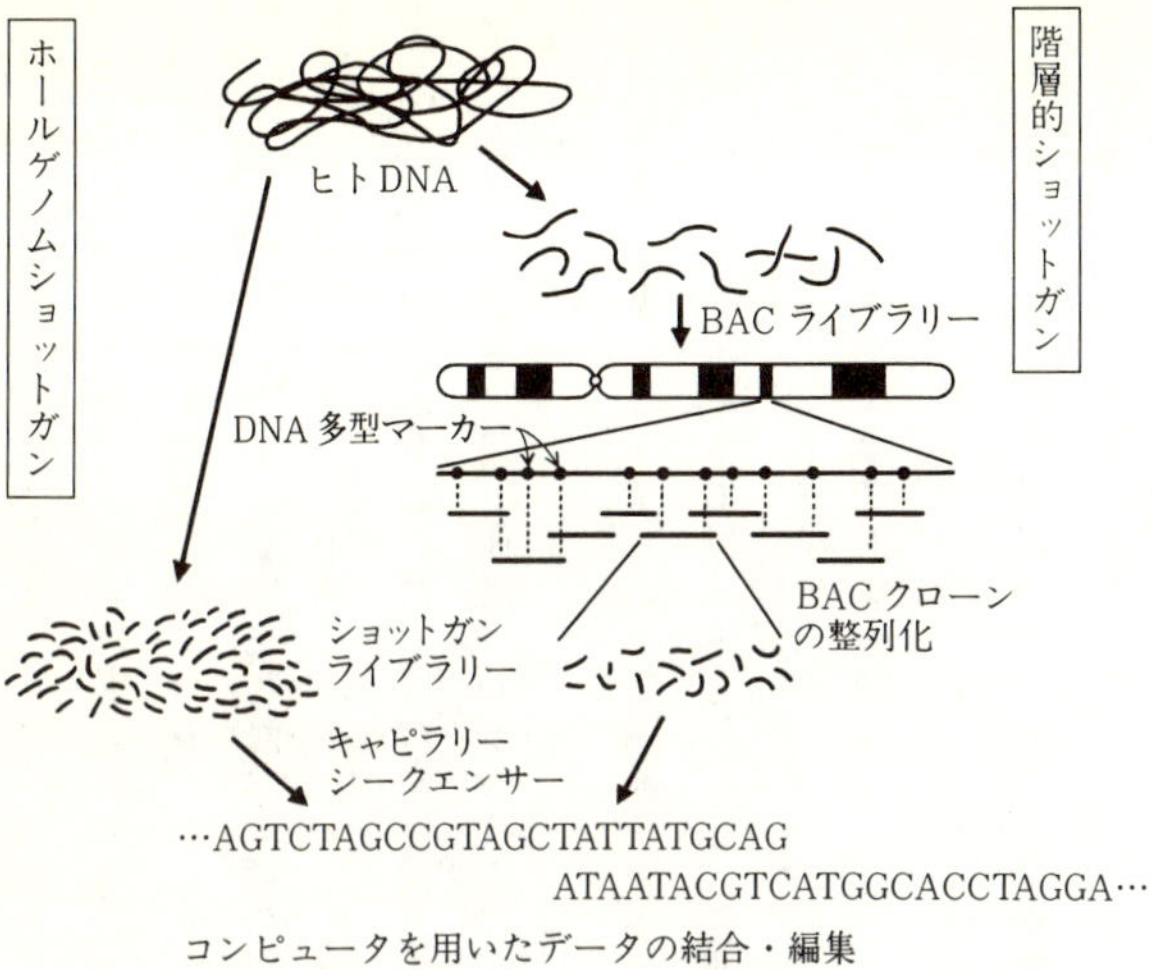

図 3.8　ホールゲノムショットガンと階層的ショットガン(BAC はバクテリア人工染色体の略．ヒトゲノム DNA を大腸菌にクローニングするときに用いられる)

になります。途中はバラバラだからなかなかわからないし、全体のデータが出てからとなると、こんどはヒトゲノムがあまりにも大きすぎるため、わたしたちは結局は全解読は無理なのではないかと考えていました。

ところが、彼らはシークエンサーを三〇〇台集めて大量にデータをつくり、アメリカ国防省についで民間ではもっとも巨大な処理能力をもつコンピュータで、大量なデータを迅速に処理したのです。ショウジョウバエのゲノム解読を数カ月間で完了させたのです。

ドラフトシークエンスへの移行

セレラ社がヒトゲノム計画に参入してくるのは、国際プロジェクトチームにとってはひじょうに大きな脅威でした。国際プロジェクトチームは、最初は高精度のデータをきちんと出していくというすすめ方をしていました。4章で述べる二一番染色体の例のように、高精度のデータを出さないと最後の意味がないということで、そういう方針をとっていたのです。ところが、セレラ社がとりあえずおおざっぱな全体像を出して、それからこまかい解析をするという方針をとったことによって、国際プロジェクトチームも方針転換を余儀なくされることになりました。

セレラ社が先にヒトゲノムの全体像をつかむという事態になってはひじょうにまずいので、国際プロジェクトチームは一体となって、急遽、大ざっぱでもいいからともかく全体像を早く見る方法をとることにしたのです。ドラフトシークエンス(概要配列決定)です。

セレラ社はホールゲノムショットガンという方法をとっていますが、国際プロジェクトチームはこの方法をとりませんでした。なぜかというと、ホールゲノムショットガン方式には巨大なコンピュータが必要なことと、一カ所で組織的にすすめるのでなく、チームに分かれてすすめるときには、収拾がつかなくなる可能性があるからです。したがって、国際チームのとった方法は、階層的ショットガン方式でした(図3・8)。

それは、ゲノムを丸ごとではなく、小さい断片に切り分けて、断片ごとの配列決定を各チームが分担してやっていこうというものです。どの染色体のどの場所からきた断片かがわかっていれば、その塩基配列を解読してデータをつないでいけば、巨大なコンピュータを使わなくてもきちんと位置と情報はわかるわけです。国際プロジェクトチームはすでに地図をつくっていましたから、地図を手がかりにしてやろうということにしたのです。

一九九九年五月に、コールドスプリングハーバー研究所にみんなが集まって、「いっしょにやりましょう」と決めて、一年間かけて配列決定をしてきたわけです。

セレラ社はそのあいだにも「九割終わった」とか「一〇〇%終わった」とか言っていました。しかし、セレラ社がわかったことは、ヒトゲノムはホールゲノムショットガンをするには巨大過ぎて困難だということでした。また、ヒトゲノムのなかには同じような配列をくりかえしている場所がたくさんあるので、全体をまとめて編集するときに、どう編集していいかわからなくなってしまうのです。コンピュータにいくらパワーがあっても、ヒトゲノム特有のいろいろな問題がありますから、配列の解析が困難だということがわかったのです。

セレラ社は、明らかに方向転換しました。最初は「自分たちで全部やる」と言っていたのが、二〇〇〇年一月には「公的機関が出しているデータは全部使わせてもらう。そのうえに自分たちのデータを足して解析する」と言い出したのです。

国際プロジェクトチームとしては、もちろん広く使ってもらうためにデータを公開しているので、それをセレラ社が使うということについて文句は言えません。しかし、まさに競争相手に塩を送っているようなもので、わたしたちもセレラ社のやりかたにクレームをつけたのです。さらに歩み寄って、おたがいに協力しようという話し合いもおこなわれました。しかし、結局、セレラ社はビジネスとして解読し、わたしたちはデータを無償で公開するということでやっていますから、いまだに合意はしていません。

国際プロジェクトチームのデータは位置情報もはっきりしていますし、ある程度の量もあります。二〇〇一年はじめの段階では、ヒトゲノムの五倍程度の塩基配列を決めていて、重複があるため、結果的には九〇%ぐらいは配列をきちんと読んでいました。セレラ社はそれに足して自分たちが五倍ぐらい読んでいますから合計で一〇倍ぐらいになり、彼らは「九九%は読んでいる」と言っていました。しかし、彼らのデータは見せてくれないので、ほんとうのところはわかりませんでした。

ドラフト終了宣言

二〇〇〇年六月二六日に、国際プロジェクトチームは、「ヒトゲノム配列の概要を決定した」と宣言しました。ドラフトシークエンスの段階でそのように宣言したのは、じつはセレラ社の動きをある程度牽制する目的があってのことでした。国際プロジェクトチーム側も成果をきちんと出していることを、世の中に知らせたかったのです。

この発表については、研究者のあいだでもすごく議論がありました。ドラフトシークエンスという、いわば概要がわかったという段階で、終わったと発表するのはおかしいという意見もありました。

しかし、一方では、セレラ社が、データは見せないけれども、つぎつぎと「九割終わった」とか「九割九分終わった」と新聞向けにリリースしていました。アメリカ議会でも「ヒトゲノム解析は全部セレラ社に任せておけばいい」というような議論すら出てきたのです。それでは困ります。国際プロジェクトチーム側も、ドラフトの段階でもひとつの区切りがついたので、できたということを発表しようということになったのです。そういう意味では、かなり政治的な発表でもあったわけです。

日本では、「どうして森首相が出なかったのだ」と言われました。国会議員のなかからも

「日本もお金を出して貢献しているのだから、森さんが同じ席に出てやればよかったじゃないか」と言われました。しかし、すでに述べたように、国際的な発言力の問題がありました。日本がそこに出したデータは全体の六%でしかありません。アメリカが三分の二、イギリスが四分の一のデータを出していますから、国際的な場での発言力は弱かったのです。

しかし、結局、日本ではアメリカやヨーロッパよりも早く記者会見をしました。記者会見は、科学技術庁長官中曾根弘文が出席して発表するということになったのです。そのために、わたしと慶應義塾大学の清水信義とが長官を訪ねて、ドラフトシークエンスが一段落したことを報告したのです。

もうひとつ、クリントン大統領とブレア首相の二人がしたことで、ひじょうに大事なことがあります。二〇〇〇年三月一四日のことでした。彼らは「ヒトゲノムの配列は人類共通の財産である」と宣言したのです。これは明らかに、セレラ社がその情報を独占するための特許を申請していることについての牽制です。この宣言によって、セレラ社の株価が急激に落ちたり、アメリカのゲノム系ベンチャー企業の株価が下がったりということがおきました。

二人が宣言したのは、六月二六日の会見もそうですが、ヒトゲノムの塩基配列が、本来は人間を理解するために必要なもっとも基本の情報であり、だから共有財産としてみんなで使うべきものであるということでした。この宣言はひじょうに重要な宣言だったとわたしは考えています。

ほんとうのゴール

そういった動きを受けて、最終的なゴールに向けてすすんでいるのが現在の状況です。二〇〇三年の春までに、すべての染色体について高精度のデータをきちんと完成させることに向かってすすんでいます。ヒトゲノムの全塩基配列が完全な形で二〇〇三年までにわかることになるのです。

現段階でも、ビジネスとしておもしろそうな遺伝子があるかどうか程度のことは、かなりわかります。ところが、その遺伝子がどうはたらいているかをきちんとつめていくためには、ひとつの塩基もまちがいないというレベルの正確さが必要です。一塩基がちがうために性質が変わってしまうこともあるし、遺伝子がはたらかなくなることもあります。ですから、もととなるデータは正確に決めておく必要があるのです。最初のものさしがいいかげんだと、あとはどう測ってもいいかげんになるのです。

わたしたちとしても反省しているのですが、ドラフトシークエンスが終わったと大々的に発

ＹＡＣ（酵母人工染色体）

一九八七年にワシントン大学のメイナード・オルソンらが開発した、パン酵母を利用したクローニングの方法です。これは、クローニングしたいＤＮＡ断片に、染色体として機能するのに必須の要素であるＤＮＡ複製の開始点、セントロメア（染色体の分配に必要）、末端のテロメアとよばれる配列を付加して、人工染色体を形成させるシステムです。ＹＡＣは、二〇〇万塩基対くらいまでのＤＮＡをクローン化することができ、比較的大きなゲノムの領域のＤＮＡを、短期間にクローン化して分析できるようになりました。

表したために、世の中では「もうヒトゲノムの配列決定は終わった。つぎの段階に入っているのだ」という認識がまちがって広まってしまったのです。

事実としてもまちがっているのですが、わたしたちが困ったのは、じつは配列を完全に決めていくためには、まだたいへんな努力とお金が必要なのです。ところが、一部の人から「まだお金が必要なのか」と言われています。ヒトゲノムの解読作業はもう終わりにして、つぎへ行こうと言わんばかりの話なのです。事実認識はきちんとしてもらう必要があります。人間を理解していくためには、きちんとしたDNA塩基配列を完成してしまう必要があるのです。

「九九歩をもって半ばとする」ということです。一〇〇歩まできちんと到達しないと、ほんとうに大事な情報は得られないということなのです。ビジネスにとっては、おそらくおいしそうなものだけが見えればいいのかもしれません。しかし、これから生命科学として人間を理解していくためには、きちんとしたデータを出さないといけない。それが出発点なのです。ゲノムの全塩基配列を二〇〇三年までに完全に解読するということの意義を、あらためて理解してもらいたいと思います。

4　21番染色体全解読

2000年5月8日の記者会見

ヒトゲノム計画のなかで、日本の貢献は量的には六%にとどまりました(それでもアメリカ、イギリスについで三番目です)。しかし、質的に見れば大きな貢献をしていることを、ぜひ知っていただきたいと思います。二〇〇一年四月現在で解読が完了している染色体は二本、二一番と二二番です。二二番については、イギリスのサンガーセンターを中心に、日本の慶應義塾大学とアメリカのオクラホマ大学やワシントン大学などが協力して解読しました。もうひとつの二一番の解読は、日本が主導して完成させたのです。

この章では、日本がヒトゲノム計画に主体的に取り組んできたことをしめすひとつの例として、二一番染色体の全解読について紹介しましょう。

それはワシントンからはじまった

一九九四年一〇月、ワシントンで「ヒューマンゲノム一九九四」という国際会議が開かれました。

そこでは、3章で述べたように、いまセレラ社で活躍しているクレイグ・ベンターが、ヒトゲノムのEST（発現配列タグ）、すなわち遺伝子から出てくるメッセンジャーRNA（mRNA）のコピーの一部をとったものを大量にコレクションして、全体にどんな分布をしているかを調べ終えた、と発表しました。

フランスのダニエル・コーエンは、ヒトゲノム全体のDNA断片を酵母の人工染色体（YAC、62ページ参照）に入れて断片化したものを、ヒトゲノムの順番に並べることに成功した、と発表しました。さらに、ヒトの遺伝地図がほぼできあがったという発表が、フランスとアメリカの研究者を中心にありました。このように、ひじょうに熱気のある国際会議でした。

この会議は、遺伝地図づくりは終わった、いよいよゲノムの塩基配列を決定する段階に入るぞと直感させるものでした。日本のなかでわたしは二一番染色体の解析を担当していましたが、このままいくと手も足も出なくなってしまうと感じました。ただ、日本だけで配列を決定する力はなさそうなので、国際的なチームをつくる必要があると考えたのです。

コンソーシアムをつくる

会議場のロビーには、たまたまデービッド・パターソンという、アメリカのコロラド州にあるエレナ・ルーズベルト研究所の研究部長がいました。彼も二一番染色体の解析をしていました。わたしは彼に、この調子ではすぐに配列決定の段階に入りそうだから、一刻も早く国際的な活動をはじめようと話しました。パターソンも賛成してくれ、それぞれ帰国してすぐに仲間によびかけました。

運のいいことに、一一月中旬に筑波で、慶應義塾大学の清水信義が、二一番染色体の国際ワークショップを開くことが決まっており、研究者が集まることになっていました。会合のプログラムは決まっていたのですが、会が終わった後に、特別に集まって相談しようとよびかけたのです。

そこで何人かが集まって、話がスタートしました。しかし、それからいろいろなやりとりがあって、公式には国際チームの結成にいたるまでに一年半ぐらいかかりました。毎年五月にアメリカのコールドスプリングハーバー研究所が、「ヒトゲノムの配列決定と地図づくり」という研究会を開いていました。そこにゲノム研究の有力な人たちが集まるので、その機会に、二一番染色体の塩基配列を決める国際的なチームをつくりあげようということになりました。ドイツもやりたいということだったので、ドイツにもよびかけて、一九九六年五月にコンソーシアムができあがりました。

ＪＩＣＳＴプロジェクトからＧＳＣへ

こうして、国際的なチームが動きはじめました。日本のなかでも、二一番染色体の解析の動きと並行して、塩基配列研究をしなければいけないという主張がありました。当時、日本のゲノム研究のリーダーだった松原謙一らは、そのことを強く科学技術庁にはたらきかけていました。

それに対して、前述のように科学技術庁は、大きなプロジェクトは組み立てられなかったのですが、日本科学技術情報センター（ＪＩＣＳＴ）のプロジェクトとして、小規模ながらヒトゲノム解析に年間約一〇億円の予算をつけたのです。二一番だけではなく、二二番、八番、六番、三番という、いくつかのグループに分けて予算をつけたのです。これで、日本もスタートすることができ、ドイツも参加して、チーム全体ができあがりました。

ところが、ドイツも日本も小規模だったので、国際的な流れから見ると歩みがひじょうに遅かったのです。わたしは、ＪＩＣＳＴのプロジェクトだけではとてもだめだ、もう一段大きいものが必要だと強く思いました。そこで、科学技術庁などに、これだけでは国際的にまったく立ち遅れているので、さらに大きなセンターをつくる必要がある、と強くはたらきかけたのです。

科学技術庁は、ヒトゲノムの塩基配列研究だけでなく、ゲノム研究を統合するセンターをつくる必要があるということで、ひじょうに積極的に動いてくれました。そして一九九八年一〇月、理化学研究所にゲノム科学総合研究センター(GSC)が設置されました。

それまではスピードアップは困難でしたが、センターができてデータの生産効率が急に上がり、一年半後の二〇〇〇年五月に二一番染色体の最終的なデータが完成しました。一年半のあいだに、データ全体の七割ぐらいを解析したのです。

一九九六年の五月にコンソーシアムができたのですから、四年間で解析が終わったことになります。結果的には、理化学研究所のグループが五〇%のデータを出し、慶應義塾大学のグループが二〇%、ドイツの三チームが合計で三〇%を出しました。

このプロジェクトは、日本が主導したプロジェクトとして国際的に認知されています。小さいながらも日本が国際的に存在をしめしたものです。

インターネット技術が大きな役割

このプロセスで、大規模なゲノム科学総合研究センターができたことが決定的な推進要因だったのですが、もうひとつ重大な要因がありました。インターネット技術の発達が、プロジェクトを加速化させた大きなポイントだったのです。

プロジェクトは五つのチームがそれぞれ担っており、それも日本とドイツという離れたところですすめていました。だから、こまかいデータを即時に交換して、おたがいにむだのないように正確にすすめるためには、緊密なコミュニケーションの必要があったのです。昔なら行って直接会うとか、データをFAXや手紙で交換したかもしれませんが、そんなことではとても間に合いません。わたしたちは半年に一度ぐらい定期的に会っていましたが、もちろんそれも日常的なデータ交換には役に立ちません。

実際には、インターネット上で、FTPサイトというみんなで共有できる場所をつくって、そこに各センターが新しいデータをどんどん入れていったのです。そのデータをみんなが見ながら、明日はどうするかというくらいのスピードで、毎日データを交換しながら解析をすすめていきました。

インターネットの画面を見ながら、国際電話でドイツとやりとりすることもしました。こうして、後半は調整がひじょうにうまくいったのです。一九九六年にスタートした当時は、日本のなかではまだEメールも発達していなかったので、そんなに緊密なコミュニケーションはできませんでした。ところが、わたしたちのプロジェクトと並ぶように、インターネット技術が日本でもすごく普及したので、その恩恵をずいぶん受けました。

塩基配列を正確に読む

塩基配列解読作業は、最後のほうになると、データをこまかくつめることがひじょうに大事になってきます。ジグソーパズルは最初むずかしくて、あとは楽になるのですが、反対にゲノム研究は最初は楽で、あとがむずかしくなるのです。はじめはラフにどんどんデータをつくっていきます。しかし、最後に緻密に仕上げることがひじょうに大変で、一塩基一塩基確認するようなこまかい作業になっていくわけです。そのときに、どれぐらい正確なデータを出していたかということが問われるのです。

国際的には、ラフでもいいから早く全体を見ようという傾向が強かったのです。しかし、わたしたちのチームは、二一番染色体に関しては正確に読むのが大事だと考えていました。だから、各チームともひじょうに精度の高い読み方をしました。

ひとつのポイントは、技術的に塩基配列を読みにくい場所をどう克服するかということでした。配列を読む戦略には、二つの方法があります。ひとつは「ショットガン」といって、手当たりしだいに読んでから、あとで配列をコンピュータ上で再編集するという方法です(図3・8参照)。もうひとつは、端から順番に読んでいく逐次検出法(ネスティッドデレーション法)です。わたしたちのチームは服部正平が逐次検出法を三年前に確立していたので、ひじょうに正確に読めました。他のチームはわたしたちの真似はできなかったと思います。そういう意味で精度のひじょうに高いデータをつくることができました。

ポイントのもうひとつは、ヒトゲノムのなかに同じような配列がたくさんあることによる難点をどう克服するかでした。ヒト全体の染色体断片から二一番染色体の断片をとろうと思うと、それが二一番の断片かどうか、わからなくなってしまうことがあるのです。じつは、わたしたちのチームの藤山秋佐夫は、セルソーターという装置を使って、二一番染色体だけを分離する方法を前から確立していました。その方法を使って、二一番染色体だけを取り出したDNAのライブラリーをつくってありました。そこからサンプルをとれば、二一番染色体のものにまちがいありません。それを使って、他の染色体にもたくさんあるような領域の塩基配列を確定することができたのです。

このように、材料を調整する技術と、塩基配列を正確に読む技術と、二つの技術をきちんと確立していたので、ひじょうに高精度に塩基配列が読めたわけです。二一番染色体の長腕部分

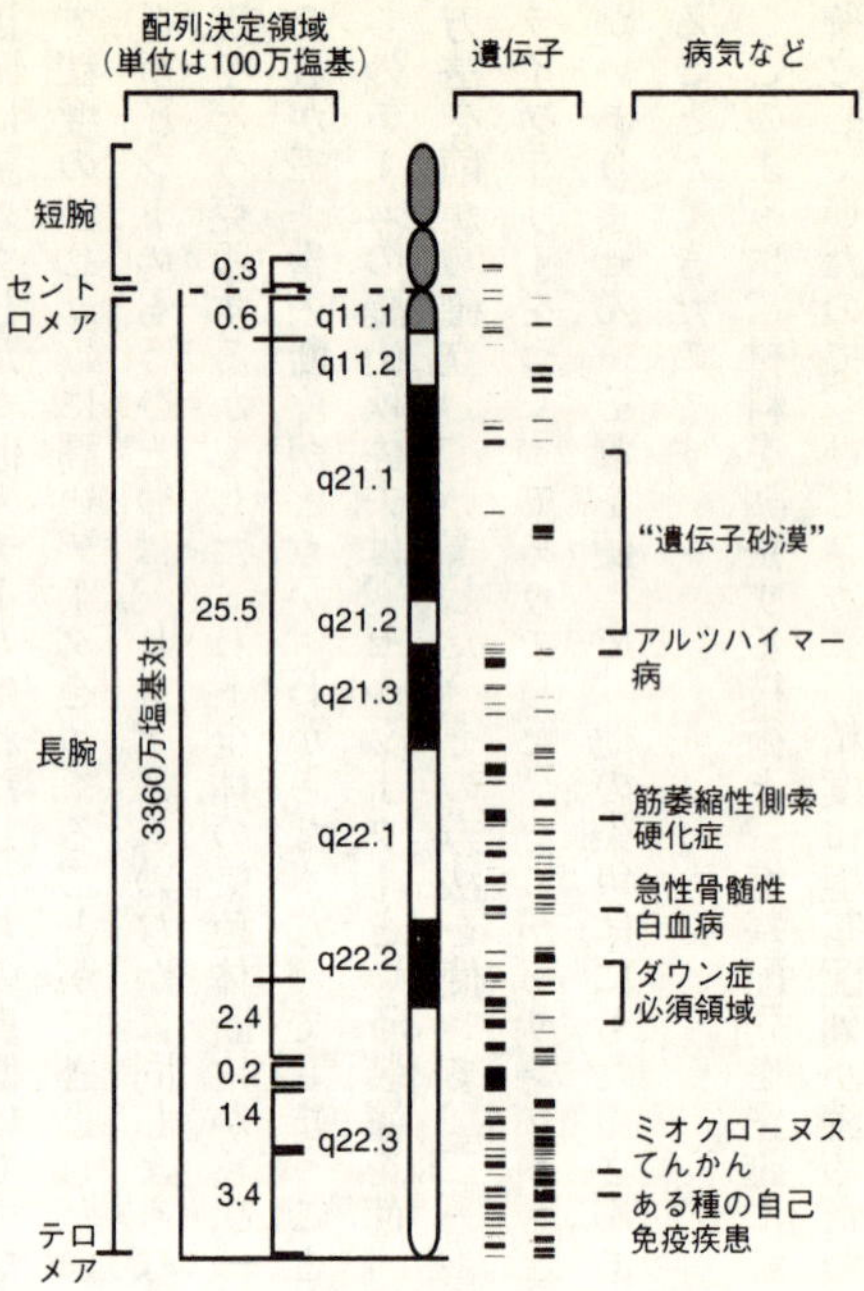

図 4.1　21 番染色体の構造と遺伝子

には全体で三三六〇万塩基対があるのですが、そのうちでＤＮＡ断片がとれなかったところは一〇万塩基対分だけでした。約〇・三％のデータはとれなかったけれども、九九・七％の配列が正確に把握できたわけです(図４・１)。

現時点で最長の塩基配列を決定

もうひとつ、わたしたちの解析で誇るべきところがあります。塩基配列を決めるのがむずかしいところは、どうしても塩基が何であるかがわからず、つながらない部分ができてしまいます。ところが、わたしたちは、二八五〇万もの塩基からなるひとつながりの配列を完成することができたのです。これはいま国際的に使われ、公表されているデータのなかで、あらゆる生物種のなかでもっとも長いひとつながりの配列です。二つの技術を使って精度を重視して解読作業をしたことの反映で、わたしたちの配列決定チームとしては、ひじょうに誇りに思っています。

セレラ・ジェノミクス社は、ショウジョウバエの全部のゲノムデータを決めたとか、線虫のデータを全部決めたとか言いますが、じつは配列の決めにくい場所は未完成のまま残っているのです。たとえていうと、道路としてはいちおうつながっているけれども、あちこちに穴が開いていたり、舗装されていないところがあるのです。

それに対して、わたしたちの解析は、いわば舗装道路が全部きちんとできあがったというものなのです。わたしたちの論文が出たときに、ロジャー・リーブスという人が「これぐらい精度の高いものは、とうぶん出ないだろう」という論評を雑誌『ネイチャー』に書いてくれました。このようにひじょうにいいデータを出すことができ、国際的にきちんとした仕事をしたことを誇りたいと思います。

『ネイチャー』の特別なはからい

わたしたちの論文は雑誌『ネイチャー』に出ました(図4・2)。二〇〇〇年五月一八日でした。ところが、じつはそれに先立って、五月九日にインターネット上で発表したのです。

これには理由がありました。五月一〇日から、コールドスプリングハーバー研究所で国際的な会議がはじまることになっていました。セレラ社は、そういう国際会議のときに合わせて、いつも対抗上ひじょうに大きな発表をするので、また何か発表するかもしれないと考えられました。

もうひとつの理由は、アメリカやイギリスのグループも、存在をしめしたくてウズウズしており、発表をしたのです。アメリカのエネルギー省のグループが、五番と一六番と一九番の三本の染色体について、だいたいの塩基配列を決定したという発表をしたのです。

これはひじょうにあいまいで、誤解を与える発表でした。先のたとえでいえば、舗装道路ではなくて、ともかく道だけはつくれた、ところどころはまだかき分けなければすすめないような場所もあるという内容でした。そのような、いかにも配列決定を終わらせたような発表を、数週間前にしていたのです。

わたしたちは、こんな中途半端な発表をされると困ると思いました。『ネイチャー』も、きちんとした情報を出すことが大事だと考えていました。編集者たちは、この二一番染色体全解読をアピールしたいと考えていました。だから、わたしたちが論文を提出したとき、この論文はひじょうにいいと評価してくれたのです。「ゲノムの世界では、いまや「終わった」「フィニッシュ」という言葉のバーゲンセールがおこなわれているが、どれひとつとして正確なデータがない。二一番はすでに正確なデータが出ていたが、それと二一番をのぞくと、みんなバーゲンだ」と言うのです。ほんとうにいいデータを出すことが大切なので、この論文はぜひ出すべきであるという高い評価をもらっていたのです。

図 4.2 『ネイチャー』 2000. 5. 18 号

でも、国際的に一歩先へ出たいという人たちがおおぜいいたので、ともかくわたしたちは国際会議の場できちんと発表したいと思いました。『ネイチャー』は五月一八日に出ます。ところが、『ネイチャー』は五月一八日までは発表を禁止したのです。それでは、わたしたちは五月一〇日からはじまるコールドスプリングハーバーの国際会議で発表ができないことになります。それは困るということで、『ネイチャー』と交渉していました。

フィリプソン編集長がたまたま日本へくる機会があったので、わたしは直接会いました。会合のなかで、彼がひとつの提案をしてくれたのです。それは、『ネイチャー』としてははじめてのことですが、インターネットを通じて公式発表をしてもいいという提案でした。

そういうことで、わたしたちはインターネットを通じて、五月九日に公式発表をしたのでした。国際会議の一日前に発表したわけです。このように、『ネイチャー』はわたしたちの論文、研究がきちんと評価されるようにとりはからってくれました。

そして、わたしたちは五月一一日に、専門家がおおぜい集まる国際会議で「完成した」と発表したのです。

五月九日にインターネットで発表することが決まったので、五月八日の夕方にドイツと日本で記者会見をしました。日本では、わたしたちと清水信義のチームの両方と、それに和田昭允と松原謙一が同席しておこなわれました(本章扉)。日本の新聞もたくさん扱ってくれましたし、国際的にも、CNNのニュースもトップで扱ってくれました。

そのように、五月九日に発表があって、その日のうちにわたしはニューヨーク州のコールドスプリングハーバーへ飛んで、会議では一一日に発表しました。『ネイチャー』とインターネットのおかげでそういう発表ができたのです。国際的にも日本のプレゼンスをしめすことができたのです。

ヒトの遺伝子数は意外に少ない？

二一番染色体の解読をとおして、いくつかおもしろい発見がありました。

とくにおもしろいことは、ヒトがもっている遺伝子の数が、これまでの推定と大きくちがっていたことです。以前から約一〇万種類だといわれていたのですが、わたしたちの研究の結果、二一番染色体については意外に少ないことがわかったのです。二一番染色体の前に、イギリスのサンガーセンターを中心にして、慶應義塾大学とオクラホマ大学とワシントン大学などの協力で、二二番染色体の解読が終わっていました。そのデータとあわせて、ヒトゲノム全体のなかにある遺伝子の数を推定してみると、約四万という値が出たのです。いままでの一〇万という推定値とくらべると、はるかに少ないのです。

論文の原稿を出したときも、審査担当者からおかしいのではないかとか、計算がまちがっているのではないかとか、いろいろコメントがあったほどです。しかし、ともかく四万という数字は、わたしたちとしてはそんなにまちがっていないだろうと自信をもって出したものです。

コールドスプリングハーバーの会議で、わたしたちはヒトの全遺伝子数は四万という数字を発表しました。その数字をめぐって、いろいろな議論はあったのですが、意外にも支持する人が多くいました。まずフランスのジェネトンで研究しているジャン・ワイゼンバッハたちのグループです。フグのゲノムをずっと解析している人がいて、そのデータとヒトのいままでの発表データとをつきあわせて、遺伝子の数を推定していたのです。彼らの推定では約三万弱という数字を出していました。

ワシントン州立大学のフィルグリンたちも支持してくれました。これまでにヒトの遺伝子のmRNAからつくったcDNA(相補的DNA)の情報がたくさんデータベースにたまっています。それをコンピュータ上で分類して、何種類ありそうか推定したところ、三万五〇〇〇種類だったのです。

一方、現在ではショウジョウバエの全ゲノムは決まっています。ショウジョウバエのゲノム研究グループのリーダーであるジェラルド・ルービンが、つぎのように主張しています。

「一万三六〇〇と推定されているショウジョウバエの遺伝子数は、思ったよりずっと少ない。だから、生物がもっている遺伝子数はあまり多くはなく、むしろ遺伝子をいろいろに使い分けて多様性を出しているのだ。遺伝子数はショウジョウバエが一万三六〇〇、ヒトが四万というのは別におかしくない。」

このように、わたしたちの推定を支持する人が案外多かったのです。後に述べますが、国際チームによって全ゲノムの配列が決まった結果、ヒトの遺伝子数が三万〜四万という数字が出ました。わたしたちの推定はそんなにまちがっていなかったのです。

遺伝子砂漠と病気の遺伝子

もうひとつのおもしろいことは、ゲノムのなかに遺伝子がひじょうに不均一に分布していることがわかってきたことです。

わたしたちが見つけたなかで、ひじょうに多いところでは、一〇〇万塩基のなかに何十という遺伝子が詰まっている領域がありました。一方、少ないところでは、七〇〇万塩基のなかに五個ぐらいしか遺伝子がないという領域があります。七〇〇万塩基というのは大腸菌のゲノムの約二倍ですから、そこに五個ぐらいしか遺伝子がないというのは、いままでには考えられないぐらい遺伝子がない領域なのです。わたしたちはそこに「遺伝子砂漠」という名前をつけました(図4・1参照)。

遺伝子の分布は、地球上の人口のかたよりと同じで、過密地帯があるかと思うと、ひじょうな過疎地帯があったりします。これがどういう生物学的な意味をもっているかは、まだわかりませんが、たぶん遺伝子の進化に意味をもっているのだろうと思われます。

また、配列が読まれたことによって、いろいろな病気の遺伝子がわかってきました。配列が決まって数カ月以内に、いままで決められなかった新しい病気の遺伝子が三つわかったのです。いままでは、このあたりにありそうだとわかっていても、位置を正確に決められなかった病気の遺伝子がはっきりわかってきました。ヒトゲノムがわかると、病気と遺伝子の関係が明らかになるという例です。

このように、二一番染色体の解読結果はいろいろな意義があるのですが、まず、日本がきちんとしたデータを出すことができたことが、国際的にはもっとも大きな意義だと思います。きちんとした配列データを出すことがいかに大事か、そこからいろいろな新しい発見があるということです。

それから、インターネットなどの技術革新がプロジェクトをすごく支えたということです。ともかく、二一番染色体は見事に解読することができました。わたしたちの出したデータは、将来にもきちんと残っていくものになると思います。

なぜ短腕の解析をしなかったか

ここまで、わたしたちが二一番染色体の全解読をしたことを述べてきましたが、じつは解読したのは染色体の長腕部分だけで、短腕部分はしませんでした(図4・1参照)。それにはもちろん理由があります。いままでのいろいろな研究から、短腕には遺伝子がないとわかっていたためです。唯一ある遺伝子は、リボソームRNA(リボソームをつくる遺伝暗号をもつRNA)が何百とつながった大きなかたまりだけで、それ以外はないといわれていたのです。

二二番染色体も同じで、リボソームRNAが短腕に団子のようになっています。ほかにも一三番、一四番、一五番染色体が同じように、短腕側にリボソームRNAのかたまりがあるという構造をしています。それらの短腕もいまのところ、配列決定のターゲットにはなっていません。

さまざまな遺伝子

二一番染色体のDNAについて、ひじょうに正確に塩基配列が決まったつぎの課題は、遺伝子を見つけることでした。では、遺伝子を見つけるにはどうするかを説明しましょう。

遺伝子は、DNAからコピーをとられてmRNAになり、それがアミノ酸をつくっていくことで発現します。だから、mRNAの塩基配列がわかれば、それと対応するものとして遺伝子がわかります。ところが、いまのところmRNAとしてわかっている種類はかぎられているので、それだけではとても遺伝子は予測できません。

一方、いままでにわかっている遺伝子の塩基配列からみて、遺伝子らしい塩基配列をコンピュータで予測するプログラムがあります。そのプログラムを使って遺伝子を予測することが、もうひとつの手段です。ところが、プログラムにはいろいろな種類があって、どのプログラムもほんとうに正解だけを出してくるものはないのです。

わたしたちは、各プログラムには、ある部分はひじょうによく当てるけれども、ある部分は当たらないという特色があることに気づきました。そこで、三つのプログラムを使って、それぞれの特色を組みこんだ答えを合わせて、正確な遺伝子と思われているものだけを選びだすという作業をしました。

その結果、わたしたちは二一番染色体に二二五個の遺伝子を見つけました。そのうち一二七個はすでに登録されている遺伝子でした。未登録のうちの三〇個は、似たような構造が他の動物で見つかっていたり、あるいは似たような構造がヒトで別にあったりしたものです。要するに、すでに遺伝子とわかっているものと同じような配列であるために、まちがいなく遺伝子だと確認できるものです。まだ登録はされていないが、構造から見てまちがいないだろうというものです。

未登録の残り六八個は、いままでまったく手がかりがなくて、こんどのプロジェクトで新しく発見された遺伝子です。ほんとうに遺伝子かどうかは決定的にはいえませんが、かなりの精度で確かだと考えています。

これ以外にも、見落としているものがあるかもしれません。しかし、そんなにまちがっていないと考えています。というのは、わたしたちは遺伝子予測プログラムを使って決めてきたのですが、いままでに登録されている遺伝子一二七個についてはすべて当たりました。だから、いいかげんな推定ではないといえます。ただ、見落としがあるかもしれないので、最低二二五個ということなのです。

つぎに、遺伝子のはたらきの予測をおこないました。もちろん一二七個はすでにわかっていますが、それ以外の遺伝子にもいろいろな種類があることがわかりました。遺伝子のはたらきを制御する転写制御因子、タンパク質を修飾するリン酸化酵素、タンパク質分解酵素、細胞の表面にあって外界からの情報を伝える受容体タンパク質などをつくる情報をもつ遺伝子とか、アミノ酸や糖の代謝に関係する遺伝子などです。

二二五個を分類してみると、ひじょうにバラエティに富んでいて、特定の機能をもつ遺伝子が特定の位置に集中しているわけではないのです。これは別に驚くにあたりません。ヒトゲノムは、ある機能をもつ遺伝子ごとにかたまっているのではなく、いろいろな遺伝子があちらこちらにあり、それを上手に使い分けてはたらいているのだということがわかりました。

病気の遺伝子

この一〇年間の研究で、二一番染色体にはアルツハイマー病に関係する遺伝子があることがわかっていました（図4・1参照）。アルツハイマー病にかかった人の脳には、かならず老人斑というシミが見られます。老人斑の主成分はβアミロイドというタンパク質で、そのβアミロイドになるものがβアミロイド前駆体です。その遺伝子の全構造が明らかになりました。ルー・ゲーリック病といわれる筋萎縮性側索硬化症の遺伝子があることもわかっていました。この病気をおこすのはスーパーオキシドディスムターゼ１（ＳＯＤ１）という酵素であり、それが遺伝子の異常によってできるということがわかりました。わたしたちの解析で、もちろんＳＯＤ１の全構造も明らかになりました。

急性骨髄性白血病は、すでに日本の国立がんセンターのグループによって、二一番染色体に遺伝子があるということがわかっていました。てんかんに関係する遺伝子や、特殊な家族性（遺伝性）の自己免疫疾患に関係する遺伝子もすでにわかっていました。それらについても、二一番染色体での位置が確認できました。

もうひとつ、二一番染色体が一本多いと、ダウン症になることがわかっています。ダウン症は新生児にもっとも多い病気で、学習能力の発達が少し遅れたり、顔の形が特有になったり、心臓奇形がおこりやすかったり、いろいろな症状をもっています。だから、一個の遺伝子によっておきるものではありませんが、とくに主な症状をおこす遺伝子の領域、つまりダウン症の必須領域が二一番染色体の約二〇〇万〜三〇〇万塩基のはんいに狭められていました。その必須領域に、ダウン症の主症状を想定させるような遺伝子があったのです。

たとえば、ショウジョウバエで神経の発達に関係するMNBという遺伝子があります。ショウジョウバエでは、MNBがだめになると、脳の神経系の発達が遅くなり、脳が小さくなります。ミニブレインというその遺伝子が、じつはヒト二一番染色体のダウン症の必須領域にあったのです。ほかにも、ERG1やEST2といういわゆる転写制御因子で、個体発生のときに遺伝子のはたらきをコントロールする遺伝子が、その必須領域にあることがわかりました。またマウスの中枢神経の発達にひじょうに大切な役割をしているといわれるタンパク質リン酸化酵素があります。そのリン酸化酵素と強く結合しているタンパク質をつくる遺伝子も、この領域にあることもわかりました。

ダウン症は、生まれたあとで症状が出るのですが、じつは胎児の発達の段階でいろいろなことがおきて、それが原因になるのだろうと考えられています。その発達の段階で影響を与えそうな遺伝子が、必須領域にたくさん見つかってきているのです。それらの遺伝子のはたらきを調べることによって、どういう異常がおきているのかを理解することができると思います。ダウン症の根本的な治療は容易ではないと思うのですが、どの段階でどんな異常がおきてくるかがわかってくると、いろいろな対応ができると考えられます。

まれな病気ですが、遺伝性の難聴があります。この難聴の遺伝子も二一番染色体の上にあり、その塩基配列がわかりました。ノブロホ症候群という病気の原因遺伝子もわかりました。あまり聞いたことのない病気ですが、胎児の発達のときに、とくに運動能力に障害がおこるものです。これらの病気はひじょうにまれですから、医学的には意味があっても、一般的にはどれくらいの意味があるかはわかりません。

東京大学医科学研究所に、井ノ上逸朗という若い人類遺伝学者がいて、後縦靭帯《こうじゅうじんたい》骨化症という病気を研究しています。この病気はいろいろなことが原因でおこるのですが、彼は以前から、原因遺伝子のひとつが二一番染色体にあると言っていました。じつは、このデータが完成してから、彼は丹念に研究をして、二一番染色体のなかにある原因遺伝子を突きとめることに成功したのです。この病気は、日本人の三%ぐらいにおこる病気で、厚生労働省から難病指定されています。死につながりはしませんが、首の骨が痛くなり、老人になって大きな問題になる病気です。原因がひとつわかったからといって、すぐに治療できるということにはなりませんが、原因がわかったということは大きいのです。

それら以外にも、二一番染色体の上には、そううつ病に関係する遺伝子、高脂血症の原因となる遺伝子などがあるのではないかといわれています。

さらに、ある特定のがんにかかる人は、二一番染色体の一部分が特別欠失しているといわれ、そのことから、がんを抑制するがん抑制遺伝子もいくつかあるのではないかと予測されています。一方、ダウン症の患者には、肺がんや喉頭がんなどの頻度が低いといわれています。彼らは二一番染色体を一本余分にもっているわけですから、この染色体にがん抑制遺伝子があるために、がんになりにくいのだろうと想像できます。それも解析中です。

偽遺伝子

わたしたちは、二一番染色体のなかに五九個の偽遺伝子を見つけました。

偽遺伝子とはどんなものでしょうか。生物の進化の過程で、遺伝子が突然二倍になったりすることがあります。コピーが余分にできることがあるのです。すると、余分な遺伝子に突然変異がおきてはたらかなくなっても、ひとつがきちんとはたらいていればいいので、生物は生きていけます。一方、ダメージを受けた遺伝子は、遺伝子としてのはたらきを失ってしまいます。でも、残骸は残っているのです。そのように昔はたらいていたけれども、傷ついてはたらかなくなり、なくても生物にとって関係ない遺伝子があります。それが偽遺伝子のひとつのタイプです。

もうひとつは、ヒトも含めた生物では逆転写ということがおきます。遺伝子からはmRNAというコピーがつくられます。これが転写です。DNAのコピーであるmRNAからはふつうタンパク質がつくられるのですが、そのコピーのmRNAが逆転写酵素のはたらきでDNAに変わります。これが逆転写であり、そして逆転写でつくられたDNAがゲノムのなかに入りこむことが、ときどきおこります。

逆転写でつくられたDNAに特徴的なことは、遺伝子のなかにイントロン（遺伝子としては機能しない塩基配列、2章参照）がないことです。イントロンがない遺伝子でも、タンパク質の読みとり枠はもっていたり、あるいはダメージを受けて読みとり枠がこわれたりします。でも、ともかく遺伝子のコピーが入っているのです。

わたしたちが偽遺伝子と名づけたものには、その二種類があります。どれだけが最初のタイプで、どれだけが二番目のタイプかよくわかりませんが、大半は後者のイントロンをもっていないタイプです。

ところが、偽遺伝子と定義すること自体、かんたんではありません。たとえば、ある配列のなかのアミノ酸を読んでいく読みとり枠がこわれていれば、これは明らかに偽遺伝子だとわかります。しかし、そのなかにいくつも読みとり枠としては完璧なものがあるのです。これは偽遺伝子と決めたけれども、イントロンがないという事実だけでそういったのです。よく調べてみると、ヒトのなかにもイントロンがなくてもはたらいている遺伝子はけっこうあります。すると、そういう遺伝子は偽遺伝子ではなくて、本物の遺伝子である可能性があるのです。

事実、大学院の学生がある遺伝子を調べて、見つけたものがあります。「偽遺伝子かもしれないな」と言って放っておいたのですが、よく調べてみると、そのもとの「親遺伝子」がどこにもありません。偽遺伝子なら、かならず親遺伝子がどこかにあるはずです。でも、その遺伝子は明らかにはたらいているのです。それで、その遺伝子のmRNAをとってきて配列を調べると、ぴたりと配列が一致するのです。偽遺伝子なら、ふつうゲノムに入ってから時間がたっていますから、配列が少し変わっていたりするのですが、一〇〇％同じなのです。したがって、それが本物の遺伝子である可能性は高いといえます。

わたしたちはいちおう偽遺伝子と名づけましたが、本物の遺伝子が混じっている可能性があるということです。

くりかえし構造

偽遺伝子の例をもうひとつ出します。二一番染色体のなかに、ケラチンアソシエーテッドプロテインといって、ケラチンにくっついているタンパク質の遺伝子があります。その遺伝子は、少なくとも一八の同じようなタイプの遺伝子が集団になって、二一番染色体の特定の部分にあることがわかったのです。そのうちほんとうにはたらいているものは数個で、残りの約一〇個はいわゆる偽遺伝子です。ダメージを受けて遺伝子としてのはたらきをもたないものになっているわけです。

ところが、その部分の構造を見ると、不思議なことに、ある規則性をもって、一定の幅で遺伝子が並んでいるのです。あるものは偽遺伝子だったり、本物の遺伝子だったりする。それは何回かコピーを増やすということをしているのですが、すごく規則的に増えたといえます。どうしてそんなことがおきたのかわかりません。これもいままでにないめずらしい構造です。

もうひとつ、二一番染色体の長腕と短腕のあいだにあるセントロメア(動原体)の近くと、長腕の中央付近に、約二〇万塩基にわたってひじょうによく似た配列が二カ所あります。塩基配列はちょうど逆を向いています。これは何らかのかたちで倍に増えたもののはずです。これもどうしてできたのか、じつはよくわかりません。ぴったり同じではないのですが、明らかにある時点で一つが逆転写されたとか、二回組換えられたとか、いろいろな説がありますが、いまだにそのメカニズムはわかりません。

動原体の部分については、くりかえし構造があまりに多いため、全体の構造が決められませんでした。しかし、名古屋大学理学部講師の舛本寛が二一番についてひじょうにていねいな解析をして、どの配列がどのくらいくりかえしているかがわかりました。じつは、そのくりかえし構造の両端に、同じ配列が同じ方向を向いてあることがわかったのです。これも推定ですが、染色体の動原体を特色づける構造だということがわかってきたのです。

そういった構造が他の染色体にはないかと見ると、他の染色体にもけっこうあるらしいことがわかってきました。そのことから、わたしたちはいま、動原体に共通なくりかえし配列があるのではないかという新しい主張をしています。

5　ヒトゲノムの全体が見えてきた

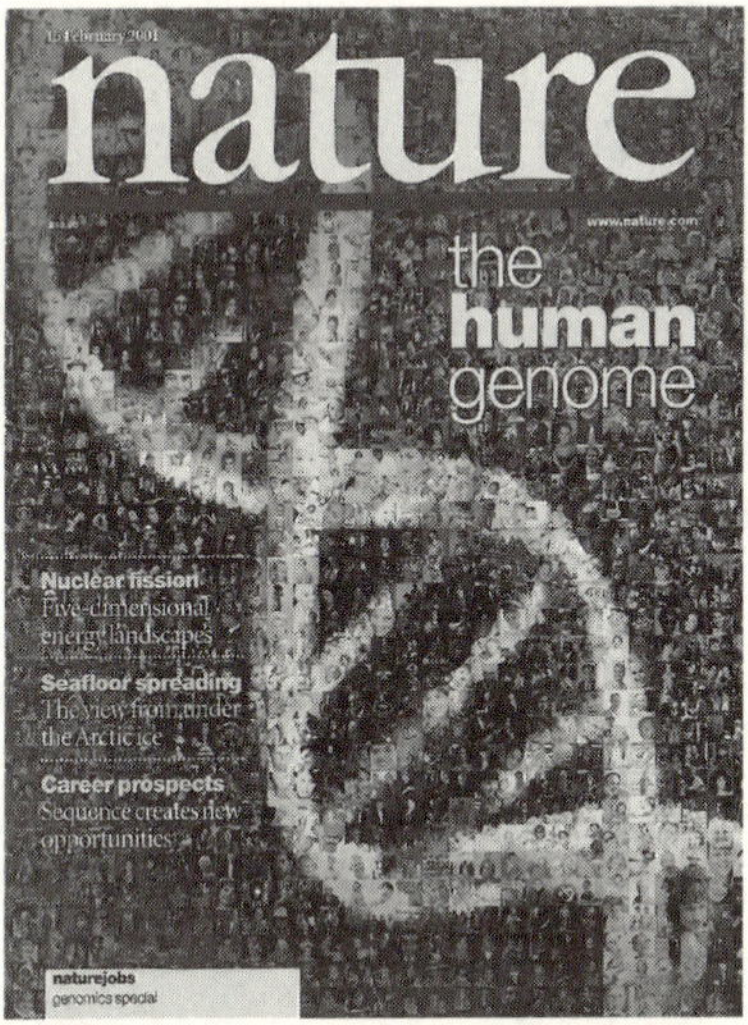

『ネイチャー』ヒトゲノム特集号の表紙

二〇〇一年二月一二日、国際プロジェクトチームは各国で『ネイチャー』の主催する記者会見にのぞみました。日本での記者会見に出席したのは、理化学研究所ゲノム科学総合研究センターから、わたしのほかに所長の和田昭允と藤山秋佐夫、慶應義塾大学から清水信義と蓑島伸生、DNAデータベースDDBJの菅原秀明、コメンテーターとして大石道夫、『ネイチャー』のスウィン・バンクスでした。アメリカでの記者会見はセレラ・ジェノミクス社との共同でした。

そこでは二月一五日号の『ネイチャー』に発表した、国際チームによるヒトゲノム概要版の論文内容の要約と、とくに興味深い事実についての解説がおこなわれました。今回は、ヒトの遺伝子数が三万～四万と予想外に少なかったことが、とくに大きな話題となりました。論文の内容に入る前に、報道解禁の混乱とセレラ社のデータについて一言触れておきましょう。

セレラ社の宣伝

『ネイチャー』も『サイエンス』も、伝統的に発表論文のすべてに対して、発売当日まで報道発表をしないことを、研究者にも報道機関にも要求しています。そのかわり、事前に論文内容を各社に知らせ、必要なときには記者会見も設定します。取材合戦の混乱や不正確な情報のひとり歩きを避けるためにもそれは重要でした。

ところが今回は、イギリスの新聞『オブザーバー』が二日前に発表してしまったのです。これにはいくつかの理由が考えられますが、セレラ社が二月八日にプレ記者会見と称して、報道機関に自らの論文の内容を公表・解説していたことと深くかかわっているようです。報道内容もセレラ社側からの一方的なものでした。

セレラ社は、ヒトゲノムの九五%の領域(カバレッジ九五%といいます)を対象にして解析し、その配列データの平均精度は九九・九六%であるといううたい文句でした。しかし、かれらの論文をしっかり読めば、ヒトゲノムの九五%の領域を対象に解析し、実際に配列を決定できたのは八六%にあたる領域で、その精度は平均九九・九六%であるが、そのなかにはまだヒトゲノム上の位置の特定できない配列が八・七%分含まれているというべき内容なのです。

ウソを言わないギリギリのところで、九五%の領域全体にわたって九九・九六%の精度で決定したと、相手が錯覚しそうな巧みな表現を使っているのです。ビジネスの社会ではあたりまえのことかもしれません。しかし、問題点や失敗をつぎの発展への重要な情報として積み上げていく科学の世界では、けっして許されないやりかたです。

今後、ゲノムなどバイオの分野では、ビジネスと科学がきわめて深い関係になってきます。しかし、このようなビジネス的宣伝をよく見きわめないと、国の科学技術政策を誤ることになりかねません。

ちなみに、国際チームのデータは、ヒトゲノムの九一％の領域を対象にし、実際に解析したのは八八％にあたる領域で、その精度は三〇％の領域については九九・九九％以上でした。残りの部分の精度も九九・九％以上（大半は九九・九九％に近いと思われます）で、そのなかにヒトゲノム上に位置が特定できないデータは〇・六％あるということになります。

二月一一日に海外から配信されたニュースのなかには、セレラ社一辺倒の感がするものもありました。しかし、日本の各報道機関は、事前にわたされていたセレラ社と国際チームの論文をよく検討していて、二月一二日の新聞やテレビニュースは、両者の取り組みを正確に伝えようとするものでした。日本のこの分野の記者の努力と見識を高く評価すべきだと思います。ちなみに、アメリカでも『ニューヨークタイムズ』など有力紙がセレラ社のデータの不完全さを指摘し、『ロサンゼルスタイムズ』ははっきりと、セレラ社の戦略は前宣伝のように動いておらず、失敗したと批評しました。

六二ページの歴史的大論文

二〇〇一年二月一五日号の『ネイチャー』は、ヒトゲノム特集号となりました。表紙は、年齢、性別、人種などさまざまに異なる一〇〇〇人以上の人々の写真でびっしりおおわれ、そこにDNAの二重らせんのイメージが、光線によって浮かび上がっているものでした(本章扉)。

そこに掲載された国際チームの歴史的論文は、六二ページにもおよぶ大論文となりました。関連論文や解説も三〇編におよび、全体では一四六ページにもなりました。ワトソンとクリックによってDNAの二重らせん構造が発見された一九五三年の歴史的論文が、わずか二ページであったことを考えると、六二ページのボリュームは、この半世紀の生命科学の進歩を象徴的にあらわしているようにも思えます。

ハエの二倍しかなかった遺伝子数

今回の成果から、生物としてのヒトの姿について、多くの興味ある事実が明らかになりました。そのなかのいくつかを紹介しましょう。

もっとも多くの人々を驚かせたのは、ヒトの遺伝子数が三万〜四万と、ショウジョウバエの遺伝子数一万四〇〇〇の二倍強でしかなかったことです。それを聞いて、わたしの家族も近所の方も「えっ、うそ」という驚きの反応をしめしました。

ヒトの遺伝子数は、遺伝子がはたらくときにつくりだすメッセンジャーRNA（mRNA）が何種類ぐらいあるかを推定する方法など、いくつかの方法で推定され、一〇万種類程度ではないかといわれていました。ヒトの体の高度なしくみを考えると、それは妥当な数字と思われていました。ところが、先に二一番染色体の解読で、ヒト遺伝子が四万程度という予想外の推定値をわたしたちが出して以来、さまざまな推定がおこなわれてきましたが、今回わたしたちの推定ときわめて近い、三万〜四万という値に落ち着いたのです。

その中味は、すでにわかっていたヒト遺伝子が約一万四〇〇〇、他の生物の遺伝子と相同性をもち遺伝子と断定していいものが約一万、残りはコンピュータの遺伝子予測で予測したものです。国際チームは全体で三万一〇〇〇〜三万二〇〇〇と推定し、セレラ社は最低二万六〇〇〇、最高三万九〇〇〇としました。

わたしたちのチームでは、矢田哲士が、現時点では世界でもっとも予測精度が高いといわれるDIJITというコンピュータの遺伝子予測システムを開発しています。このDIJITを

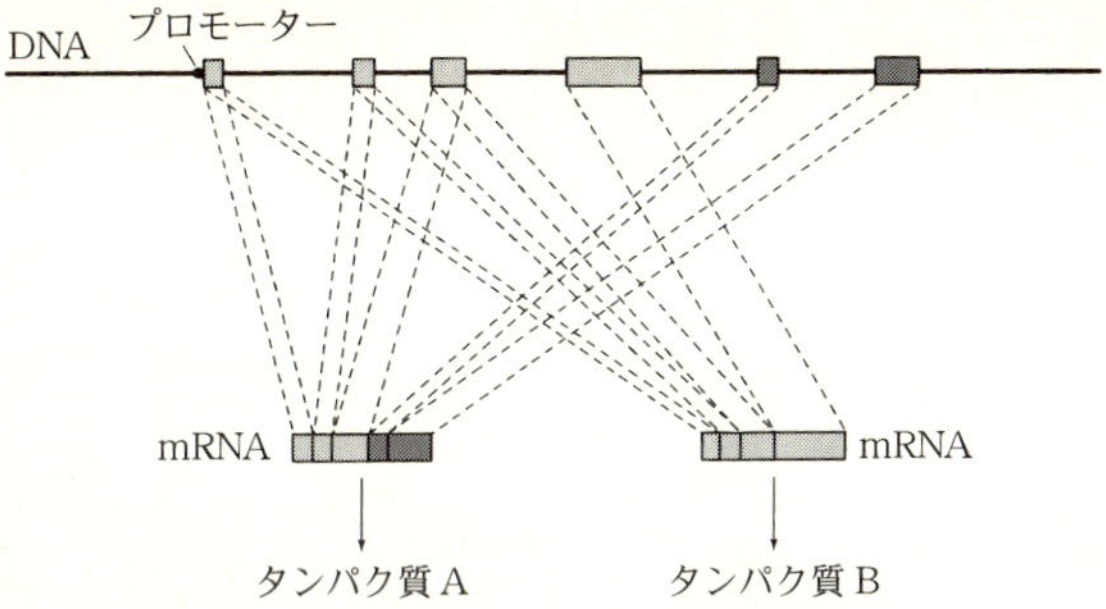

図5.1　選択型スプライシング(□部分はエキソン)

使うと、三万四〇〇〇という数値が出ました。しかし、遺伝子予測のプログラムはまだ不完全なものです。したがって、予測の誤りや見落としもあるので、国際チームも現状では三万〜四万というほうが妥当であるとしています。

長時間コンピュータをはたらかせて推定した値と、二一番染色体論文でわたしたちが単純な計算から推定した値がこれほどに近かったのは、わたしたちにとっても驚きでした。

選択型スプライシング

しかし、ハエにくらべてヒトはずっと複雑に見えます。そこで、ヒトは三万〜四万という予想外に少ない遺伝子を、どのように使って複雑な体をつくりあげているのか、という新しい疑問がわいてきます。ほんとうのところはまだわかりませんが、選択型スプライシング(図5・1)というメカニズムが、重要なはたらきをしているのではないかと思われます。

ヒトやショウジョウバエなどでは、ひとつの遺伝子から複数のタンパク質をつくりだすメカニズムがあります。遺伝子がはたらくとき、まず、エキソンもイントロンも含んだ遺伝子全体のコピーが、RNA分子としてつくられ、そのなかからタンパク質をコードするエキソン領域だけがつなぎあわされ(スプライシング)、mRNAとなってタンパク質合成に使われます(図2・2参照)。

そのスプライシングで、すべてのエキソン(たとえば、エキソン一+二+三+四+五)をつなぐ場合と、いくつかのエキソンを選択して使う場合(たとえば、一+三+四や一+二+四+五)があります。その結果、ひとつの遺伝子から、たがいによく似てはいるが少しずつ異なるタンパク質を、複数つくりだすことができるのです。ヒトは、進化の過程で、たんに遺伝子の数や種類を増やすのではなく、既存の遺伝子セットをさまざまに使い分けるやりかたで、複雑さを獲得してきたとも考えられます。

ヒトを特色づける遺伝子は?

ヒトの三万〜四万の遺伝子の中味について、くわしく調べられました。

ショウジョウバエの遺伝子数の二倍強になったうちで、完全にショウジョウバエのものとちがうタイプの遺伝子と思われるものは、わずか二〇%程度でした。残りは、ショウジョウバエと同じような遺伝子のセット数が増えたものであることがわかりました。たとえば、ハエの体節をつくるホメオティック遺伝子群がヒトでは四セットあり、それぞれのセットが少しずつ変化しています。このように、ヒトとショウジョウバエは個体の発生の基本的なプロセスでは似かよっていることがわかります。

全遺伝子のうち、遺伝子の機能が十分に推定できるものは一万三〇〇〇程度です。それを見ると、食べものを代謝して生体に必要な物質やエネルギーに変化させるような代謝系にかかわる遺伝子が五分の一~四分の一、遺伝子がはたらくために必要な転写(mRNAの合成)や翻訳(タンパク質合成)のプロセスにかかわるものが五分の一、細胞内や細胞間の情報伝達にかかわるものが五分の一弱など、生存のための基本過程にかかわるものが三分の二以上を占めています。

では、ヒトを特色づけるのはどんな遺伝子でしょうか。いままでに全ゲノムの判明したショウジョウバエや線虫(ミミズの小さいような虫)、パン酵母などと比較すると、免疫など生体防御にかかわるものと、脳や中枢神経のはたらきにかかわる遺伝子が、ヒトではいちじるしく増えていることがわかりました。今後、サカナ、ネズミ、サルなどの全ゲノムがわかると、さらにくわしく遺伝子構成から見たヒトの特色がわかるようになるでしょう。

細菌との共通遺伝子

このような遺伝子の特色づけのなかで、もうひとつ興味深い事実がわかりました。ヒトにある以外、細菌類にしか見つからない遺伝子が二〇〇種類ほど見出されたのです。そのなかには、ドーパミンやセロトニンなど、神経伝達物質として重要な物質の代謝にかかわるモノアミン酸化酵素の遺伝子も含まれています。

これらの遺伝子が、細菌にあってショウジョウバエにも線虫にも見つからないのは、生物進化の考え方からは不思議なことであり、興味深いものです。いま考えられるのは、ヒトなどの祖先となる脊椎動物が進化していく過程で、それらに感染した細菌やウイルスのゲノムの一部がとりこまれて、今日まで使われているということです。生物進化は祖先型の生物からつぎつぎとゲノムが変化して、いわば「縦つながり」で垂直にすすんできたと考えられていますが、この事実は遺伝子(ゲノム)の水平移動もおこっていることをしめしており、生物進化の観点からひじょうに興味深いものです。

くりかえし配列

ヒトゲノム全体を見ると、およそ半分は、何十万回と出現するくりかえし配列とよばれる配列です。くりかえし配列が、ヒトにとって重要なはたらきをしている証拠はありません。これには大きく分けて、大型のもの（LINE）と小型のもの（SINE）がありますが、配列の特色から、ヒトの属する霊長類の祖先がネズミやウシ、ウマなどと分岐した七〇〇〇万〜八〇〇〇万年前以後に、これらのくりかえし配列が増えたと推定されています。これらのくりかえし配列は、いったんRNAにコピーされたあと逆転写酵素でDNAに変換されてゲノムのなかに入りこむ、レトロトランスポゾンとよばれるタイプの転移因子で、自己増殖型の性質をもっています。わたしたちヒトにとって、何かの役に立っているのでしょうか。LINEがゲノムのなかに入りこんだために、遺伝子のはたらきが低下し、がんや血友病になった例が知られています。不思議で不気味な存在です。

ヒトのLINEがレトロトランスポゾンであることを発見したのは、いまのわたしたちのグループのチームリーダー服部正平です。服部はシークエンス解析のスペシャリストですが、ヒトをはじめとする霊長類の多数のLINE配列を決定し、それらが共通して逆転写酵素の遺伝子など、レトロトランスポゾンの特色をもっていることをしめしました。この結果は、一九八六年に『ネイチャー』に発表されています。

ところで、『ネイチャー』ヒトゲノム特集号の論文では、ほかに、病気の遺伝子解析に有用なSNP(127ページ参照)が一四〇万あまり見つかったこと、さらに、これまでに見出されていた遺伝子と相同な新しい遺伝子を発見したことを紹介し、ヒトゲノムでは多数の遺伝子が重複して増えてきたという考え方を支持しました。ちなみに嗅覚因子受容体のファミリーは、一〇〇〇種ほどのメンバーからなることがわかりました。

以上のように、わたしたちは、今回の成果を通して、ヒトの遺伝的特質を遺伝子構成全体から論じられるようになったのです。

6　病気のゲノム解析

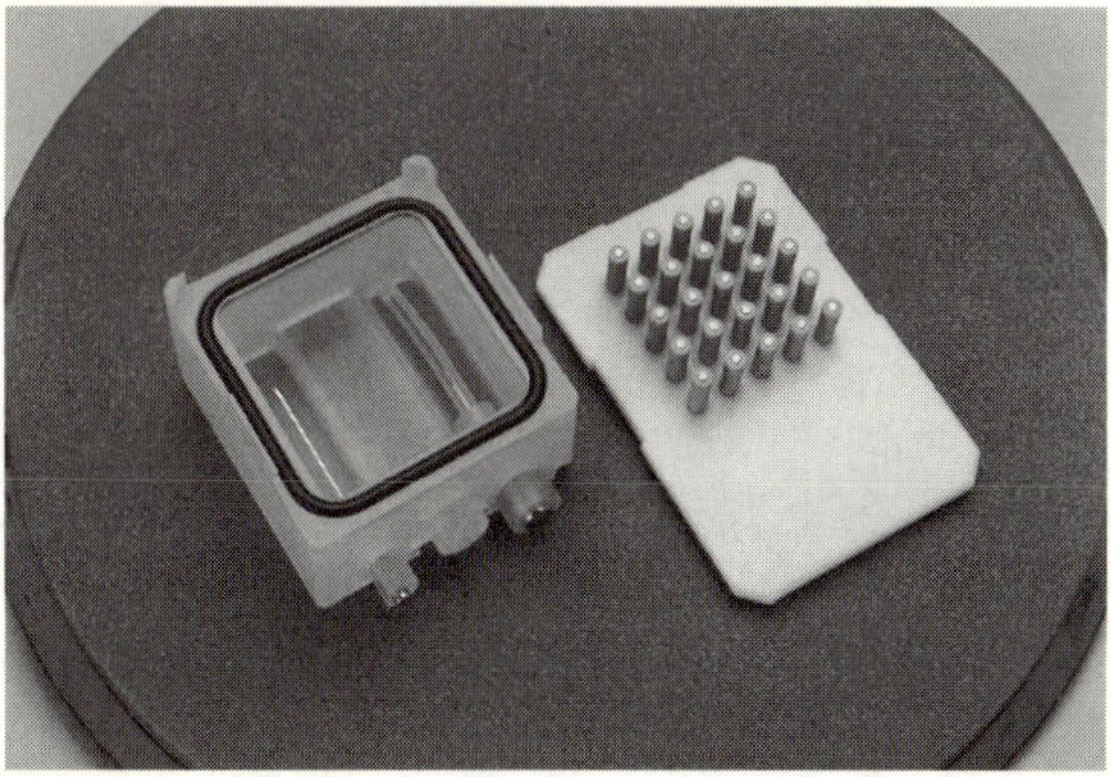

DNA チップ（ティーユーエム研究所提供）

ヒトゲノム計画の最大の目標であったヒトゲノムの配列決定によって、ヒト遺伝子の全体がわかり、ヒトの遺伝子構成の特色も明らかになってきました。もちろん、今回「決定」されたものはドラフトシークエンスであり、これから精密な科学研究を展開するには、より高精度のデータによる真の完了が必要です。ゲノム配列には、ひとつの塩基がちがうだけでまったく意味が異なってしまう場合が、少なからずあるからです。国際チームでは、二〇〇三年春を目標に、高精度データによるヒトゲノム配列完全決定をすすめています。

ヒトゲノム配列というこれからの生命科学のもっとも基盤となるデータの完成に目途がついたいま、ヒトゲノム研究はつぎの新しい目標に向かって大きく前進をはじめています。これらはよく、ポストゲノム研究とよばれますが、これはゲノム研究やゲノム計画が終了した印象を与える、誤った言葉です。正しくは「ポストシークエンス」とよぶべきでしょう。公式な文書にも、ポストシークエンスという言葉が使われています。

ポストシークエンスのヒトゲノム研究の目標は、大きく二つに分けられるでしょう。ひとつ

表 6.1　比較的頻度の高い遺伝病の例

病　　名	発生率	主な発症者	主な症状
鎌状赤血球貧血症	1/625	黒　　人	貧　　血
のう胞性線維症	1/2000	白　　人	呼吸障害
脆弱 X 染色体症候群	1/1000	男	精神発達遅延
βサラセミア	1/2000	地中海人種・東南アジア人種	貧　　血
テイ・サックス病	1/3600	北部・中部ヨーロッパのユダヤ人	神経学的悪化
フェニルケトン尿症	1/4000	白　　人	精神発達遅延
血　友　病	1/2500	男	出　　血
デュシェンヌ型筋ジストロフィー	1/5000	男	筋肉の萎縮
ハンチントン病	1/20000	不 特 定	神経系変性
α1-アンチトリプシン欠損症	1/40000	不 特 定	肺 気 腫
21-ヒドロキシラーゼ欠損症	1/10000	不 特 定	男性化・性早熟

は、ヒトゲノムをもとに生命の本質、ヒトの本質への理解を追求するアカデミックな研究です。もうひとつは、医療や産業などを通して社会に役立たせる応用研究です。

両者は相互に関連しあっており、車の両輪のような関係にあります。両者のバランスのとれた発展が必要ですが、一般社会から見れば、医学・医療への応用がもっとも関心の深い問題であると思います。まず、ゲノムをもとにした病気の遺伝子解析について紹介しましょう。

病気と遺伝

血友病や筋ジストロフィーなど、遺伝子の欠陥でおこる遺伝病が古くから知られています。たとえば、イギリスのビクトリア女王の家系に

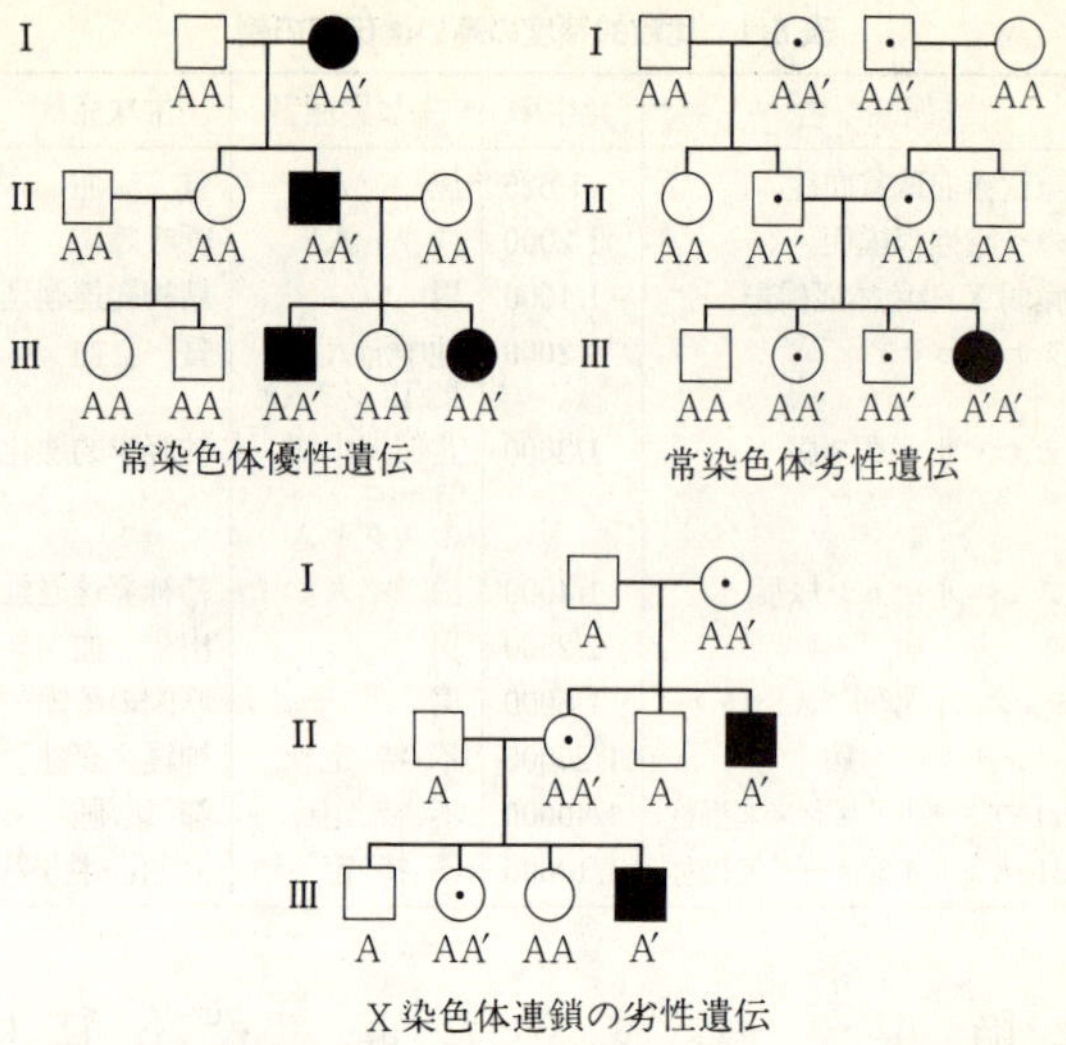

図6.1　遺伝病の遺伝パターン(□は男性，○は女性．●，■は患者，⊙，⊡は保因者，Aは正常遺伝子，A′は異常遺伝子)

血友病が遺伝していることは、よく知られています。比較的頻度の高い遺伝病をあげてみましょう(表6・1)。

遺伝性の病気は、遺伝様式によっていくつかのグループに分けられます(図6・1)。

ヒトには一番から二二番までの常《じょう》染色体とよばれる染色体と、男女を決定するXとYの性染色体があります。優性遺伝病(常染色体にかかわる)は、異常な遺伝子を父親か母親のどちらかから受けつぐと発症するもので、家族性アミロイドーシスやハンチントン病など、成人になって発症するものが少なくありません。

劣性遺伝病は、父親と母親の双方から異常遺伝子を受けついだときにのみ発症するタイプの病気です。アフリカ黒人に多い鎌状赤血球貧血症、白人に多いのう胞性線維症など、多くのものがあります。異常遺伝子と正常遺伝子をそれぞれひとつずつもつ人を、保因者とよびます。劣性遺伝病の患者は保因者どうしの結婚から生まれるので、保因者が集団のなかにどれくらいの割合でいるかが、劣性遺伝病の発症頻度を決めることになります。しかし、日本人全体というような大きな集団内では、保因者どうしが結婚する確率は低いので、常染色体劣性の遺伝病の頻度は一般にはひじょうに低くなっています。

一方、血友病や筋ジストロフィーのように、X染色体に起因する病気には、男の子で頻度の高いものが少なくありません。これらはX染色体連鎖の劣性遺伝病とよばれ、男の子では性染色体の組合せがXYになるので、たとえ劣性の遺伝形質でも男の子ではそれがあらわれるからです。

表6・1にあげたような典型的な遺伝病は、ひとつの遺伝子の異常が原因でかならず病気がおきるものですが、病気と遺伝子の関係はかならずしもこのように単純なものばかりではありません。すなわち、病気にはさまざまな遺伝要因と環境要因の相互作用でおきるものが少なく

ないのです。ここで遺伝要因といったのは、遺伝子の変異のことです。病気の発症にむすびつく遺伝子はひとつにかぎらないという特徴をもっています。わたしたちが日頃からよく出会う、糖尿病、がん、高血圧症などは、このような部類に入る病気なのです(図6・2)。

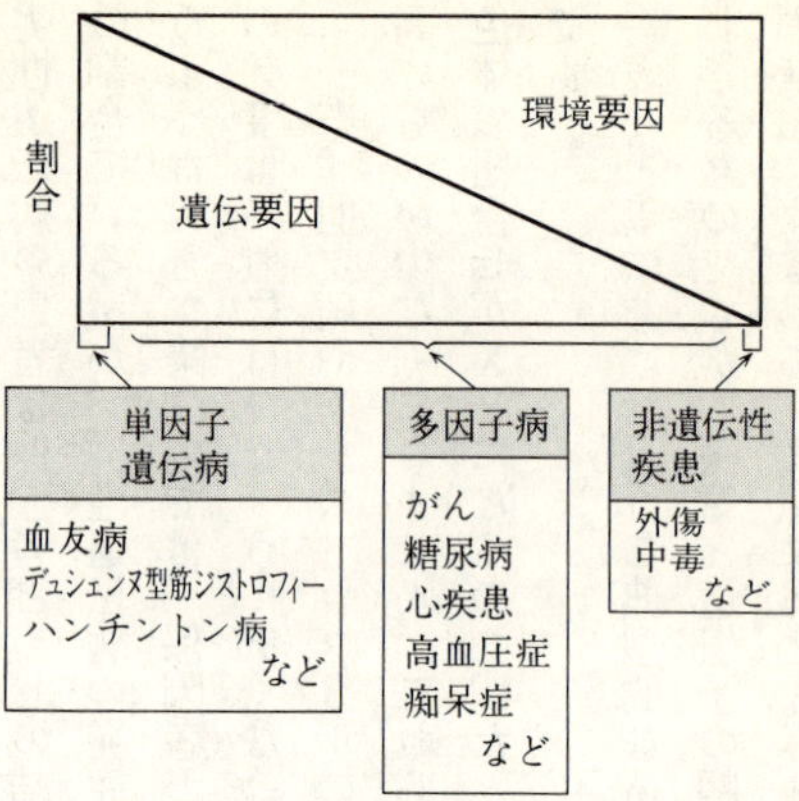

図6.2　疾病には遺伝要因と環境要因がさまざまな割合で関与している

明らかにされた遺伝病の遺伝子

アメリカのジョンズ-ホプキンズ大学のマキュージックは、一九六〇年代から四〇年くらいかかって丹念に文献を調べ、人間がもつ遺伝的形質を一万二〇〇〇もリストアップしました。そのおよそ半分は病気といわれています。それらの病気がどの遺伝子の異常によるものかを調べることが重要なのです。1章で、ハンチントン病を最初の成功例として、連鎖解析の手法を用いて、これら遺伝性の病気の原因遺伝子にせまれることを紹介しました。

一九八〇年代から九〇年代にかけて、ゲノム地図や遺伝子の情報が蓄積するとともに、病気の遺伝子の解析もすすみ、いまのところ一一〇〇〜一二〇〇ぐらいの病気について、遺伝子がわかっています。そのなかには、ハンチントン病や筋ジストロフィーなどの多くの神経難病やがん、さらには特殊なタイプのアルツハイマー病や糖尿病なども含まれています。その一部を表6・2にしめします。

このような病気の遺伝子の同定には、日本の研究者も重要な貢献をしています。日本で遺伝性の病気の家系を発見し、原因遺伝子の発見に成功した、いくつかの例をあげましょう。

マシャド・ジョセフ病はポルトガルで発見された神経難病のひとつですが、日本でも九州で、この病気の大きな家系が発見されました。それをもとに、自治医科大学教授の吉田充男と新潟大学教授の辻省次の神経内科グループは、協力して連鎖解析を試み、一四番染色体のq32とよばれる領域に原因遺伝子があることをつきとめました。一方、垣塚彰(現京都大学教授)は、脳の神経細胞ではたらく新しい遺伝子を見出していま

表6.2 原因遺伝子が明らかになった病気(その一部)

デュシェンヌ型筋ジストロフィー
のう胞性線維症
フォン・レックリングハウゼン病
脆弱X染色体症候群
筋緊張性ジストロフィー
家族性大腸ポリポーシス
ハンチントン病
DRPLA
アルツハイマー病
マシャド・ジョセフ病
急性骨髄性白血病
乳がん

した。この遺伝子は塩基のＣＡＧのくりかえしをもち、また一四番染色体のちょうどq32領域にあることがわかりました。かれは、この遺伝子がマシャド・ジョセフ病の原因遺伝子ではないかと考え、患者ＤＮＡの分析をおこないました。その結果、予想されたとおり、患者ではＣＡＧのくりかえしの増加が見られ、これがマシャド・ジョセフ病の原因遺伝子と結論されました。

筋肉が不随意に動くミオクローヌスという症状や、知能障害をともなう重症のてんかんである、ＤＲＰＬＡ（歯状核赤核淡蒼球ルイ体萎縮症）という神経難病があります。これも、同じようにＣＡＧのくりかえしの増加が原因となることが、愛媛大学教授の近藤郁子と国立小児医療センター部長の山田正夫の共同グループ、および新潟大学の辻のグループによって独立に発見されました。

ＣＡＧの三塩基は、グルタミンを指令する遺伝暗号です。ＣＡＧのくりかえしは、それからつくられるタンパク質の一部に、グルタミンが長くつながっていることを意味しています。現在までに、五種以上の病気がこのＣＡＧのくりかえしの増加によっておこることが知られていますが、ほとんどが神経疾患です。タンパク質中のグルタミンのつながりと、神経細胞のはたらきとのあいだには、どんな関係があるのでしょうか。未解決の問題として残されています。

　また、東京大学医学部の戸田達史(現大阪大学医学部教授)は、癌研究所にいた中村祐輔のもとで、福山型筋ジストロフィーの原因遺伝子が、九番染色体のq31〜33と名づけられた領域にマップされることを、いとこどうしの結婚から生まれる患者を分析することによって、明らかにしました。

　戸田のグループはその後、その領域のDNA分離と配列解析をすすめ、一九九八年に原因遺伝子(フクチンと名づけられました)の同定に成功しました。患者は本来の遺伝子に約三〇〇〇塩基長の余分な配列が挿入されためずらしいタイプの変異をもっており、その挿入配列が遺伝子のはたらきを低下させていることがわかりました。興味深いことに、日本人の患者の大半がこのめずらしい挿入型遺伝子をもっており、日本の福山型筋ジストロフィーは、ひとりの祖先から派生したものと推定されました。

　糖尿病、アルツハイマー病など一般に見られる病気は、遺伝要因と環境要因が複雑にからんで発症しますが、ごくまれに強い遺伝性をしめすケースがあります。順天堂大学の水野美稀(神経内科教授)のグループはパーキンソン病でこのようなケースを見出し、慶應義塾大学の清水信義のグループと共同でその原因遺伝子の同定をすすめました。この患者の家系では、六番染色体のごく一部に欠失した領域があることがわかり、それを手がかりにパーキンと名づけられた若年性パーキンソン病の原因となる遺伝子を発見しました。一般に見られるパーキンソン病の原因とこの遺伝子との関係はまだはっきりしませんが、この遺伝子がパーキンソン病の発症メカニズムの解明に有力な手がかりになることはまちがいありません。

新しいターゲットは生活習慣病

がん、糖尿病、高血圧症、心疾患、痴呆症など、わたしたちが日常的に出会うことの多い成人性の病気を、生活習慣病、英語では common diseases といいます。遺伝要因と環境要因が複雑にからんでおり、遺伝要因もいくつもあるので、多因子病とよばれることもあります(図6・2参照)。生活習慣病の遺伝要因の解明は、多くの人々の病気の予防や健康の維持につながるものであり、これからのゲノム研究の最重要研究対象です。わが国でもミレニアムプロジェクトの中心課題として、国家的プロジェクトとしての取り組みがはじまっています。

多因子病のなかでも、がんについてはとくに研究がすすんでいます。日本人の死因の第一位であり、一九八五年から当時の中曾根首相のもとで、「対がん一〇カ年計画」がすすめられて以来の研究の蓄積があるからです。

がん遺伝子とがん抑制遺伝子

がんが、遺伝子の異常にもとづく病気であることは、古くから認識されていました。そして、その原因となるがん遺伝子の研究は、一九七〇年代からがんウイルスの研究を中心にすすんできました。

ロックフェラー大学の花房秀三郎は、がんウイルスの遺伝子も、もとはわたしたちの正常細胞にある遺伝子に由来している、という重要な発見をしました。がんウイルスの遺伝子を手がかりに、それに対応するヒトの遺伝子を分離する研究がさかんにおこなわれました。

それらのヒト遺伝子が、ほんとうにがんの原因となることを最初に証明したのは、アメリカのウイグラーのグループでした。ウイグラーらは、ヒトの膀胱がんの組織からDNAをとりだし、NIH3T3とよばれるマウスの細胞に入れると、その細胞ががん化することを発見し、それをもとに、がん化の原因となる遺伝子をつきとめました。それは、ハーベイ肉腫ウイルスという、ラットのがんウイルスのもつラス(ras)というがん遺伝子と類似したヒト遺伝子でした。

がん組織では、ras遺伝子(H-rasと名づけられました)のわずか一カ所に、塩基のGからTへの変異がありました。そのためにrasタンパク質の一二番目のアミノ酸が、グリシ

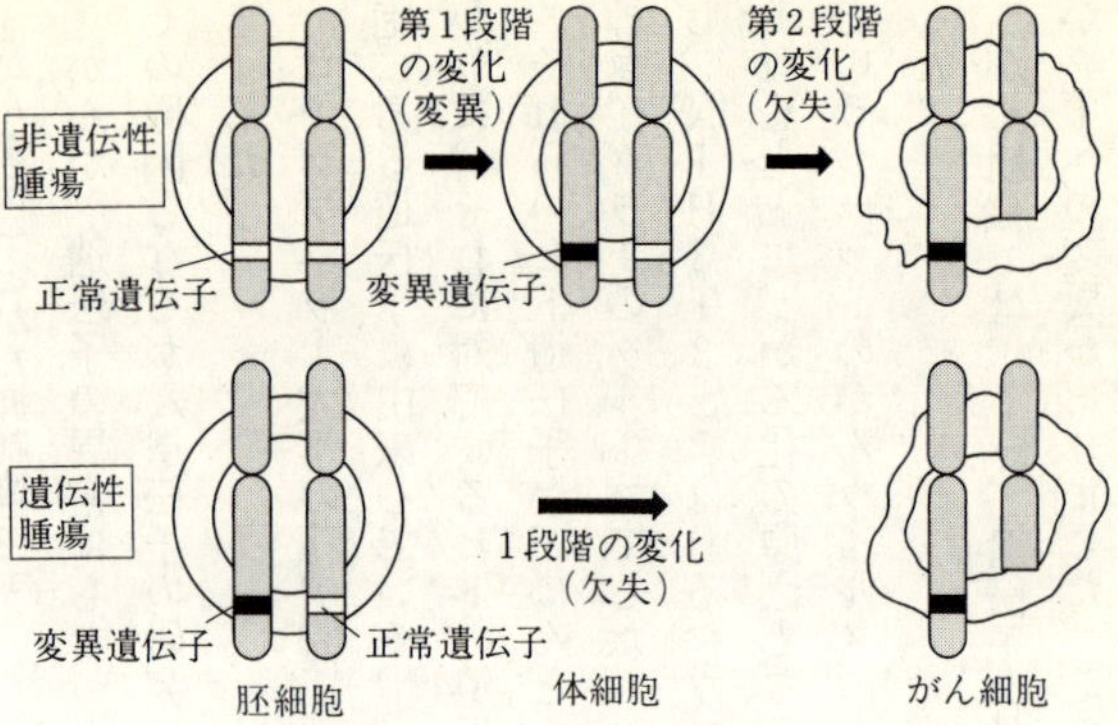

図6.3　がんの2段階発症説

ンからバリンに変化しており、これががん化の原因であることが明らかとなりました。この発見は、わたしたちのもつ正常な遺伝子のわずかな変異が、がん化につながることをしめした点で大きなインパクトを与えました。

一方、がん細胞では、多くの染色体異常が見られることも古くから知られていました。クヌドソンは、網膜芽細胞腫というがんの染色体の分析から、正常細胞にはがん化を抑えている遺伝子(ひとつとはかぎりません)があり、遺伝子が二回にわたって欠失や変異をおこして、それらの遺伝子が機能を失うと、細胞ががん化するという考え方を出したのです(図6・3)。これは、がんが多段階でおこることと、がんを抑制するがん抑制遺伝子があるという二つの重要な考え方を含んでいます。

表 6.3　がん抑制遺伝子の異常の例

遺伝子名	体細胞変異が検出されたがん	胚細胞変異が検出された疾病
RB	網膜芽細胞腫，骨肉腫，肺がんなど	家族性網膜芽細胞腫
p53	大腸がん，乳がん，肺がんなど	リー−フラウメニ症候群
p16	悪性黒色腫，食道がんなど	家族性悪性黒色腫
WT1	腎芽腫	ウィルムス腫瘍
APC	大腸がん，胃がん，膵臓がん	家族性大腸ポリポーシス
NF2	髄膜腫，神経鞘腫	神経線維腫症Ⅱ型
VHL	腎臓がん	フォン・ヒッペル−リンダウ病
NF1	悪性黒色腫，神経芽腫	神経線維腫症Ⅰ型
BRCA1	乳がん，卵巣がん	家族性乳がん
BRCA2	乳がん	家族性乳がん
MSH2/MLH1	大腸がん	遺伝性非腺腫性大腸がん

そして、遺伝性の網膜芽細胞腫患者の染色体を、DNA多型マーカー(RFLP)で、父親由来のものと母親由来のものとに識別して分析しました。それによって、正常組織では両方の染色体が共存しているのに対し、がん化した部分では一三番染色体のq14と名づけられた領域において、父親由来か母親由来のうちのどちらか一方がいつも欠失していること(これをloss of heterozygosity、略してLOHといいます)がわかりました。

一九八六年に、ワインバーグのグループが、この領域からRBと名づけたがん抑制遺伝子を分離し、クヌドソンの説の正しさを証明しました。これを契機に、がん細胞で共通に欠失している領域を見つけだすことから、がん抑制遺伝子を発見するという、ひとつの新しい方法論が確立し、がん抑制遺伝子の研究が急速にすすむようになりました。

ヒトゲノム地図の精度が高まるとともに、がん細胞で欠失している領域についても高い精度で分析できるようになり、これまでに一〇種以上のがん抑制遺伝子が分離されました(表6・3)。このうちのひとつAPC遺伝子は、中村祐輔とアメリカのボーゲルシュタインのグループが共同で発見したものです。

家族性大腸ポリポーシスという、大腸がんを高頻度におこす病気は、遺伝性であり、大腸がんに関係する遺伝子になんらかの異常があるためと考えられていました。この病気は familial adenomatous polyposis を略してFAPとよばれています。

FAPのゲノム上の位置は、FAP家系の連鎖解析などにより、五番染色体の q21〜22とよばれる領域にあることがわかりました。この領域は、多くの大腸がんで欠失の見られる領域でした。中村らは、この領域のさらに詳細な連鎖解析によって、約五〇〇万塩基の範囲にFAPの原因領域をしぼり、そのなかで一部の患者で欠失の見られた領域から、いくつかの候補遺伝子を分離し、そのうちのひとつがFAP患者で変異をおこしていることをつきとめました。

この遺伝子はAPC遺伝子と名づけられ、細胞表層の膜からのシグナル伝達にかかわるβカテニンと結合し、その分解を制御するタンパク質の遺伝子であることがわかりました。その後

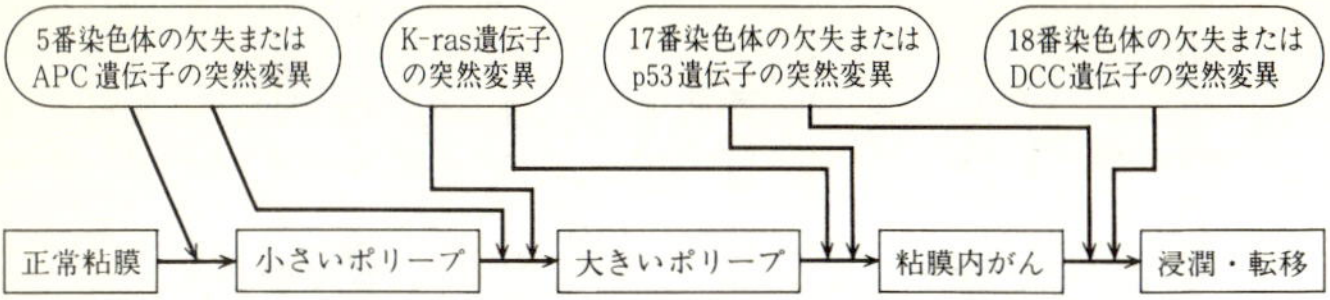

図 6.4　大腸のがん化過程における遺伝子異常の蓄積（多段階発症モデル）

中村らは、一般の大腸がんにおいても、ＡＰＣ遺伝子が欠失などの異常をおこしていることをつきとめ、この遺伝子が大腸がんの発症に広く関与していることをしめしました。

大腸がんの発症までにはいくつかの段階があり、小さなポリープからはじまり、大きなポリープができ、それが進行して腫瘍となり、さらに他の組織に転移するという進行をしめします。ボーゲルシュタインは、それぞれの段階の組織で、どの遺伝子が異常をおこしているかを調べ、各段階ごとにいくつかの遺伝子異常が加わっていくという、大腸がんの多段階発症のモデルを提出しました(図6・4)。このモデルは、いくつかの例外はあるにしろ、一般的に受け入れられています。

がんの染色体異常は、たんに欠失だけでなく、二つの異なる染色体の組換え(これを転座といいます)によってもおこり、がんに特有の染色体転座が知られています。国立がんセンターの大木操は、二一番染色体の正確な物理地図をつくるのに成功し、これをもとに血液のがんである白血病のひとつ、急性骨髄性白血病に特有の、二一番染色体と八番染色体のあいだの転座した場所をつきとめました。そして、そこにＡＭＬ-１と名づけた新しいがん遺伝子を発見しました。

転座によって、二一番染色体にあるＡＭＬ-１遺伝子の一部が八番染色体の別の遺伝子と置き換わり、異常なはたらきをはじめることによって白血病が引きおこされたと考えられます。

このように、がんについての遺伝子の研究は、ヒトゲノム解析の進展とともに大きくすすんでいます。がんの発症は、ときとして自動車（細胞増殖）のアクセル（がん遺伝子）とブレーキ（がん抑制遺伝子）の異常にたとえられますが、直観的にわかりやすい表現です。

兄弟姉妹から生活習慣病にせまる

がん以外の生活習慣病では、遺伝子の直接の変化を伴わないので、その遺伝要因の解析はより困難です。いくつかの複雑な解析手法がそこにはとりいれられています。

糖尿病、心疾患、痴呆症、アレルギーなどの病気は、遺伝的な要因があることはもちろんですが、環境要因も大きな影響があります。そうすると、古典的な連鎖解析は、十分な効果を発揮できません。古典的な連鎖解析法は、大きな患者の家系があって、変異があるとほぼ一〇〇％病気がおきるという一対一の関係になっていることを前提にしているからです。そこで有力になったのは、兄弟姉妹を用いた罹《り》患《かん》同《どう》胞《ほう》対《つい》解析という連鎖解析の変法です。

この方法は、大家系でなく、兄弟（兄弟姉妹のうちの二人という意味で使っています）で発症した例をたくさん集めて解析する手法です。兄弟で同じ病気を発症すると、遺伝的に同じ原因でおきているだろうと考えられます。兄弟だから、母親と父親から同じタイプの遺伝子セットをもらった場所は、ゲノム上にたくさんあります。同じ病気にかかった多くの兄弟について、そういう場所をゲノム上に記録していくと、ある病気については、どの兄弟でも親から同じセットでもらっている場所がしぼりこまれてきます。こうして、病気に関係した遺伝子はこのあたりにあるらしい、とつきとめることができます。

ただ、どのぐらいの数の兄弟を集めて調べればいいか、一概には言えません。病気の遺伝要因がどれぐらい強いかということによっても、それが変わってくるからです。たとえば兄弟発症の頻度が一般にくらべて四〜五倍高いケースで、ふつうは数百組の兄弟例を調べないと、信頼のおけるデータは出てきません。遺伝子のある領域をしぼりこんだうえで、遺伝子ひとつひとつについて異常があるか否かを調べあげていくのです。

これをゲノム全体にわたっておこなうのはたいへんな仕事で、いまのところ、成功例はひとつだけ公表されています。それは、シカゴ大学教授のベルが、一般に多く見られるⅡ型糖尿病について、メキシコ由来のアメリカ人とフィンランドの一地方の人々を対象に、兄弟発症例をたくさん調べてわかったものです。その結果、二番染色体にあるカルパイン-10というタンパク質分解酵素の異常が原因になっていることがわかりました。もうひとつ、論文としては発表されてはいませんが、東京大学医科学研究所の井ノ上逸朗が、後縦靭帯骨化症について、兄弟例の解析からその原因と思われる遺伝子を見つけたことは、4章でも紹介しました。

これからも成功例は増えると思いますが、サンプルの大量な集積と大がかりな解析が必要で、ほんとうにたいへんな仕事です。

相関解析で調べる

もうひとつ、集団遺伝学的な解析手法があります。相関解析とかケース・コントロール・スタディともいいます。「ケース」は「症例」のことで、ある病気の患者と、対照とする病気でない人(コントロール)の比較解析をするものです。

たとえば、糖尿病の患者だけを集める一方、そうではない人も集めます。もしある遺伝子のタイプが糖尿病の原因になっていれば、患者の集団にひじょうにかたよった分布をしめすはずです。こうして、原因になる遺伝子をつきとめることができます。

たとえば、アルコールを飲めない原因遺伝子を調べることを考えてみましょう。アルコールを飲める人五〇人と飲めない人五〇人とに分けて、アルコール代謝に関係している遺伝子について、飲めない人と飲める人の遺伝子のタイプをくらべていきます。おそらくアルデヒド脱水素酵素の遺伝子のなかで、アミノ酸を指示する暗号のただひとつが、飲める人はGAA(グルタミン酸)、飲めない人はAAA(リジン)になっているはずです(図6・5)。

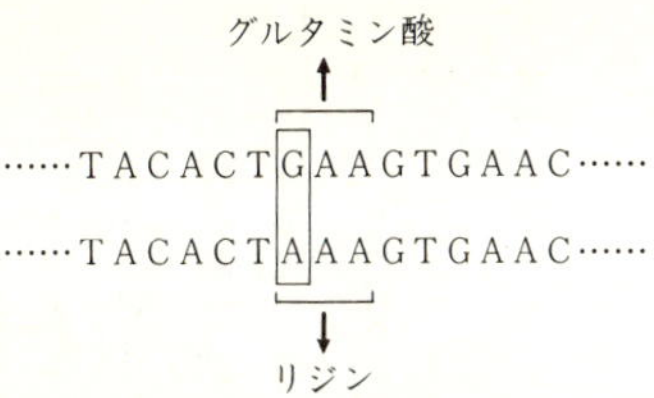

図6.5　アルコール感受性を決めるアルデヒド脱水素酵素の遺伝子
(上：飲める人，下：飲めない人)

病気についても、相関解析の成功例があります。アルツハイマー病になった人となっていない人とで、アルツハイマー病に関係があると思われる候補遺伝子のタイプを調べたのです。

アルツハイマー病で亡くなった人の脳を特殊な方法で染めると、老人斑というシミのように見えるものがたくさんできています。その主成分はβアミロイドですが、それにくっついている成分のひとつにアポリポタンパク質Eがあります。

デューク大学のアラン・ローゼスは、老人斑にあるタンパク質に関係する遺伝子のいろいろなタイプを見ては、アルツハイマー病になりやすいことと関係がないかどうか、相関解析をおこないました。その結果、アポリポタンパク質Eの4型をもっている人は、アルツハイマー病にかかる頻度がひじょうに高く、4型をもたない人は頻度が低かったのです。こうして、アルツハイマー病の危険因子として、アポリポタンパク質Eの4型を見つけたのです。

この成功例に触発されて、高血圧や糖尿病に関連しそうな候補遺伝子について、いっせいに相関解析がはじめられました。高血圧とアンギオテンシノーゲン遺伝子の関係など、いくつもの興味深い結果が出つつあります。

相関解析は、遺伝子のタイプのかたよりを解析する方法です。したがって、多くの遺伝子でタイプのちがい(個人差)がわかっていないと、解析はできません。

遺伝子の個人差=SNP

ヒトゲノム配列の解析がすすむとともに、個人差をしめすわずかな変化が遺伝子のなかにあることがわかってきたのです。それを組織的に使えば、相関解析で病気と遺伝子との関係がより早くわかるはずです。そこで、フランスやアメリカのグループを中心にして、遺伝子のもっている個人差の情報を網羅的に蓄積しようという研究がはじまりました。先鞭をつけたのが、フランスのジェンセット社でした。

ゲノムの配列決定がすすんでくると、アメリカのセレラ社をはじめ、欧米の製薬会社もこぞって、個人差をもつ遺伝子のタイプを調べはじめたのです。こういう遺伝子の個人差を一塩基変異多型、SNP(スニップ、single nucleotide polymorphism の略)とよんでいます(図6・6)。

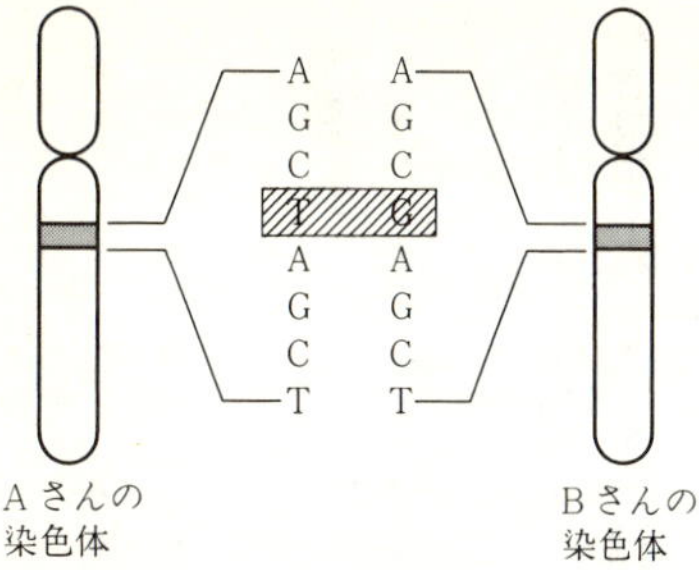

図6.6　SNP(1塩基だけがちがう)

いままでは候補遺伝子ごとに個別にSNPを見つけながら相関解析をしてきたのですが、ヒトゲノム配列がすべてわかり、遺伝子がだいたい出てくると、見つかった遺伝子すべてについてSNPを探すことが、重要なテーマになってきました。

ポストシークエンスの最有力プロジェクトは、SNPと病気の関連を見つけるSNPプロジェクトということになってきました。いろいろな生活習慣病について、原因と考えられる遺伝子がつぎつぎと出てきますから、それについてSNPを見つけて、病気との関係を見つけようというプロジェクトが、いままさにスタートしています。

日本では、ミレニアムプロジェクトのなかに高齢化対策があり、高齢化対策のもっとも重要なプロジェクトが、SNPを見つけて、それと病気との関係を明らかにしようというものです。ヒトのSNPは三〇〇万ほどあるといわれていますが、二〇〇一年の終わりにはこれらのほとんどが見つかると思われます。

集団解析へ

SNPデータが集積すると、それにもとづいてさまざまな集団を対象に相関解析がおこなえるようになります。そのために必要なサンプルを集めることが重要になってきます。ところが、いまはDNAを分析するためのサンプルが、かんたんには手に入りません。というのは、DNAの分析からさまざまな個人情報が見えてしまう危険性があるので、患者本人から同意を得る、つまりインフォームド・コンセントをとりつけてサンプルを入手することが義務づけられているからです。

集団解析では、SNPデータとひとりひとりが対応している必要はありませんから、匿名化したサンプルでいいのです。匿名化して分析するので、個人情報がもれる心配はありません。この解析はひとりひとりを対象とする遺伝子診断とは異なり、集団としてのSNPの分布パターンを調べるものです。しかし、このようなサンプル集め自体も合意を得ることがむずかしい現状です。

こういった分析は一見わかりやすく、関係がすぐにつくだろうと思えますが、まだいくつもむずかしい問題があります。

前述したように、こういった生活習慣病は多くの場合は多因子病といわれて、いろいろな遺伝要因でおこります。さらに、それがいろいろな環境要因との組合せでおこるのです。ですから、糖尿病のサンプルをまとめてとっても、それぞれ遺伝要因がちがったり、環境要因がちがっていると、まったくバラバラな集団になってしまいます。それを分析しても答えは出ません。だから、集めるサンプルはできるだけ均一なものが理想的です。でも、それはかんたんではありません。大都会の、たとえば東京大学病院で、やみくもに糖尿病の患者だけを集めてきて解析をしても、答えは出にくいのです。

ところが、人の動きのごく少ない地方で、何十年も代々住みつづけているところであれば、遺伝的にはわりあい安定しています。みんなどこか似ています。そこで集団解析をすると、みんな同じような遺伝要因で糖尿病になったりしています。だから、サンプルを集める場所がひじょうに大事です。

いままでにそういう調査がすでにすんでいる地域があります。たとえば福岡県の久山町がそれで、九州大学医学部の第二内科が何十年にもわたって健康調査をしています。福岡市に近いので人の動きはありますが、全体的にはごく少なく、集団解析にふさわしい場所なのです。

同じような地域は、岩手県などにもあります。そういうところで住民の協力を得て集団解析をおこない、その結果を日本人全体におしひろげればいいのです。いま、そういう協力を得るための努力がなされていますが、実際のサンプルの確保が急務といえます。

アイスランドでは、SNP解析を国をあげておこなうことを法律で決めました。アイスランド出身の遺伝学者カリ・ステファソンが、母国に目をつけてSNP解析をはじめたのです。アイスランドは、一〇世紀ぐらいにごく少数のバイキングが移住してきて、彼らの子孫がずっと住んでいるところです。だから、遺伝的には均質性が高いのです。

また、教会にいろいろな記録が残っており、家族関係がよくわかっているし、病気の記録もある程度残っています。人口も三〇万人ぐらいで、全員についてSNP解析をおこなうことを国会で議決したのです。ここは研究者からみれば理想的な集団で、ひじょうにおもしろい結果が出てくると期待しています。

ただし、アイスランドは自国で大がかりな分析はできないので、スイスの企業ロシュと協力して解析することにしています。ロシュがそのサンプルから新しい発見をして、それをもとに薬をつくったら、それは無償でずっとアイスランドに提供しつづけるという取引条件もできています。そういう取引条件のうえで、すでに解析は実際にはじまっています。いくつかおもしろい遺伝子が見つかっているという噂は聞いていますが、まだ論文はありません。

たとえ集団が均一でも多因子病の解析でもうひとつむずかしいのは、多数の遺伝子が少しずつリスクを高めていることです。たとえば、ある遺伝子タイプをもっていると高血圧になる率が五倍も一〇倍も高いのであれば、その遺伝子はすぐに浮き上がって見えてきます。ところが、ある病気になりやすさを一〇～二〇％ぐらいしか高めていない、つまりわずかな影響しか与えていない遺伝子の場合が問題です。食べものとか環境要因の影響が大きく出て、それがじゃまになってなかなか見つからないということになります。

したがって、実際に集団解析で見つかってくるのは、よほど理想的な集団を除けば、メジャーな疾患関連遺伝子になると思われます。実用的な面からはそれで十分かもしれません。

候補遺伝子をもとにした相関解析では、わたしたちのまったく予想もしない遺伝子が関与しているとすると、それは発見できません。そういう遺伝子を見つけるには、全遺伝子についてSNPを使った相関解析をおこなうか、すでに紹介した兄弟間の発症例のような罹患同胞対解析が必要になります。それは予備知識なしに解析するので、カルパイン-10の例などのようにふつう予測できない遺伝子が見つかったのです。したがって、これからは両方の解析法で攻めることが必要になるのだろうと思います。いまそういう方向に向かっていますが、全遺伝子のSNP解析では、のちに述べるように現状では検出コストがかかりすぎて、コストパフォーマンス(費用対効果)の面でまだ問題が残っています。

気質とSNP

SNPの解析は、病気だけではなく、その他のいろいろな個人差に関係しています。たとえば、性格にも外向性と内向性、積極的と受動的など、いろいろなタイプがありますが、それも遺伝子のタイプのちがいによっているのではないかといわれています。神経伝達物質の受容体のわずかなちがいが、神経伝達を活発にしたり鈍くしたりということにつながり、それが気質に影響を与えているのではないかといわれています。

寿命や才能にも個人差があります。それらはもちろん環境の影響をひじょうに受けますが、遺伝的な要素も影響を与えていることがわかっています。SNPの解析がすすむと、わたしたちのさまざまな個人差を決めている遺伝的な背景が、わかってくると思われます。これらの情報を今後どのように使うのか、さまざまな面から検討が必要です。

薬剤感受性とＳＮＰ

もうひとつ、直接ＳＮＰと体質が関係づけられる例が知られています。

さきほどアルコールの例をあげましたが、アルコールを飲めない人と、飲んでも平気な人がいます。これはアルコールを代謝する能力のちがいなのです。同じように、いろいろな薬の代謝能力も、じつはわたしたちがもっている遺伝子がつくるタンパク質のはたらきによって影響を受けることがわかってきました。

アメリカには多くの人種がいますが、同じ薬を同じ量与えても、ある人種にはひじょうによく効くけれども、ある人種にはぜんぜん効かないとか、副作用が出てしまうなどのちがいがあることがわかってきました。これは人種間の遺伝的背景のちがいではないかと考えられてきました。

そして、チトクロムＰ４５０という酸化還元反応をとりしきるタンパク質と、薬剤代謝能力のあいだに一定の関係があることが疑われました。Ｐ４５０もいろいろなタイプがあり、反応を触媒する相手の化学物質がちがっていますが、あるＰ４５０のＳＮＰと薬の効き方のあいだに密接な関係があるという例が、最近いくつも見つかってきたのです。これについては、８章でもうすこしくわしく述べたいと思います。

SNP検出技術

今後、より多くのSNPを検出して病気と関連づけたり、それを診断に使うことになるのですが、SNPはひじょうに多く、それを多くのサンプルに適用しなければいけません。ですから、コストと精度の面から、どういう技術を使ってSNPを見つけるかが問題になってきます。三〇億のなかのわずか一塩基のちがいですから、かんたんではありません。

SNPを検出するためのDNAチップ（本章扉）などの技術が開発されており、原理のうえではそれで調べられます。ところが、たくさんの人を対象にして考えられそうなSNPを検出するとなると、コストパフォーマンスを考えなければならないのです。とてつもなく高いお金をかけるのでは、ゲノムプロジェクト自体が破産することになります。いまはテスト段階だからいいのですが、どうしてもコストダウンしなければなりません。

二〇〇〇年秋に、横浜で国際ゲノム会議を主催して、SNPをテーマにして検出技術や成果について話し合いましたが、外国から招いた五人ともそれぞれちがう技術を使ってSNPの解析をおこなっていたのです。

「どうしてそれぞれちがう技術を使っているのか」という質問にたいして、それぞれ「自分の使っている技術にもっとも信頼がおけると思っているから」と答える一方で、異口同音に、どの技術も「コストが一桁低くならないと大量の検出には使えない」と言います。いまは試的にやっていて、どうすればコストダウンできるかを競っている時代です。

将来はSNPが診断に使われるようになるので、それを検出するための安い技術をいかにつくるかが大切です。最初のうちはDNAチップをはじめ、いくつかの外国で開発された基本的技術を使うしかありませんが、それよりも安く正確に検出できる技術をつくることが、いま求められているのです。

最初に出てきた検出技術は、すでに述べたDNAチップです。アメリカのアフィメトリクス社が、基本的な特許をもって独占していました。DNAチップしか大量にSNPを検出できる技術がなかった時代は、数千のSNPを調べるチップが一枚一〇〇万円のオーダーでした。ある大手製薬会社の幹部が、「あれを使っていたらわが社は破産する。代わる技術をつくらないといけない」と言ったほどでした。

その後各国のいろいろな組織で、必要にせまられて、SNPを検出するための新しいアイディアが出され、技術を開発してきました。いまでは、アメリカの他企業やスウェーデンの企業の開発した技術も使われるようになりました。それによって、アフィメトリクス社も値段を下げざるをえなくなっていますが、まだ高いのです。製薬会社は高いと思いながらも、とりあえず使っています。しかし、精度を保ちつつ、もう一段安価な手法が出されれば、世界はすべてそちらへシフトするでしょう。日本にもチャンスはあるのです。

日本は、最初のアイディアを出すのはかならずしも得意ではありませんが、アイディアが出てくると、コストを低くしたり、正確につくったりするのは得意といわれます。その段階で外国に追いついたり、追い越すこともできるでしょう。

7　遺伝子のはたらきを調べる

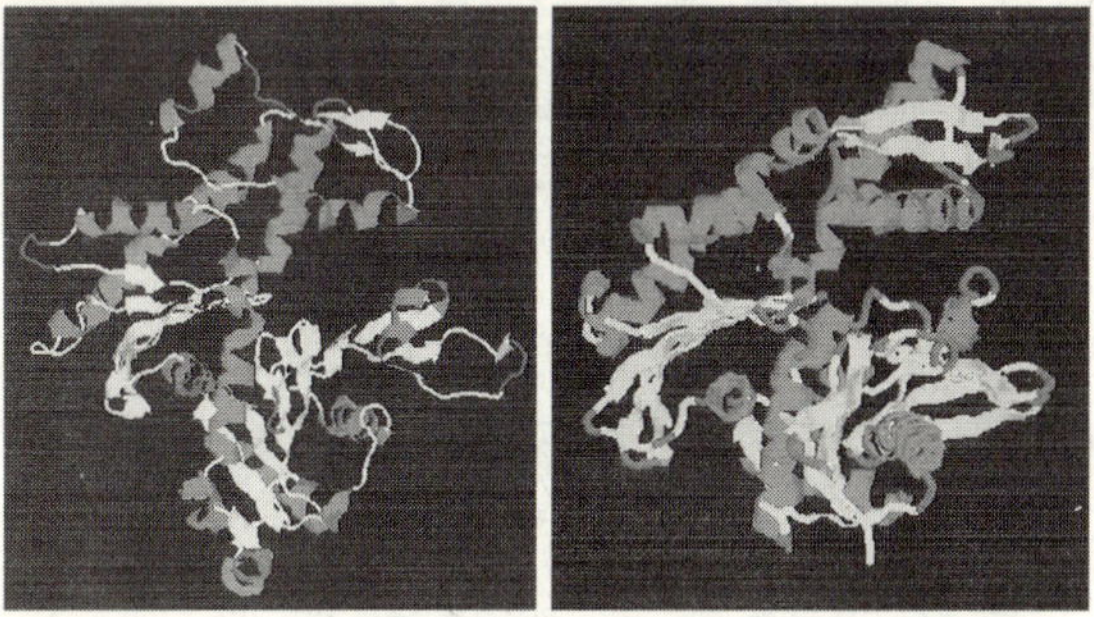

アクチン　　　　　　HSP70 の ATP アーゼ部位

タンパク質の立体構造(アミノ酸配列が類似していないタンパク質どうしでも立体構造が似ている)

半分の遺伝子の機能がわからない

生命現象を理解するために、これまでに免疫学や脳科学、感染症などいろいろな研究がおこなわれてきました。しかし、それらの研究はヒトの体のしくみをある一面から見ていて、ヒトという個体のなかで全体がどう関連しているかということは、よくわかりませんでした。ところが、こんどはヒトゲノムという設計図全体が見えたうえで話ができるので、研究の戦略も方法論もまったく変わってきます。これは、学問全体のすすめ方にとって大きな変化です。ゲノム全体が読めたからといって、ものごとが一気に見えてしまうわけではありませんが、生命現象を統合的に理解する基盤がはじめて誕生したことはまちがいありません。

いま、ゲノムの配列をもとに大半の遺伝子の存在がわかったわけですが、それらの遺伝子のはたらきをきちんと調べることが当面の重要課題です。

もちろんこれまでの研究で、機能のよくわかっている遺伝子もあります。しかし、それはせいぜい三分の一です。既知の遺伝子で、ある機能をもつドメイン(部位)がわかっていて、それとよく似た構造のドメインをもつことから、その機能が推定できる遺伝子もあります。それらをあわせても、三分の二ぐらいの遺伝子についてしか機能がわかっていません。たとえばヒト個体の発生・分化について、わたしたちは遺伝子レベルではまだほとんど知らないといってもいいでしょう。機能がわからない遺伝子のはたらきを調べることが、当面の大きな研究課題なのです。

機能のわかったといわれる遺伝子についても、どういうレベルでわかったかが問題になります。たとえば、タンパク質分解酵素であるとわかっていても、わたしたちの体をつくりあげるうえで、どんな役割をしているのかという面では、食べたものを分解するためか、骨格をつくるために必要か、知る必要があります。わたしたちの生きているしくみのなかで、個々の遺伝子がどんな位置にあるかということの理解が大切なのです。

逆遺伝学的手法

従来の生物学では、現象を見てその原因となる遺伝子を見つけるという方向で、研究がすすめられてきました。わたしたちの見ることのできる現象(表現型)と、遺伝子の関係を調べる有力な方法は、遺伝学です。病気と遺伝子の関係を調べる連鎖解析法は、まさにこの遺伝学の手法です。ところが、ゲノム配列解析がすすんで、これだけ多数の遺伝子が明らかになると、逆に発見された遺伝子から、それが関与する現象を知るという、従来とは逆の方向の攻め方が必要になります。それが「逆遺伝学」です。

機能を知りたい遺伝子を破壊して(ノックアウトといいます)、何がおきるかを調べるのが逆遺伝学の方法です。このような実験的手法はヒトではできません。特定の遺伝子をねらって破壊する実験が可能なネズミなど実験モデル生物で特定の遺伝子に変異をおこさせたり、ノックアウトしたりして、調べるのです。

いま実際にこの技術を使って、遺伝子のはたらきがさかんに調べられています。その結果、機能がよくわかった例もあれば、破壊しても表面上は何もおきないという例もたくさんあります。逆遺伝学的手法は現在、全ゲノム配列のわかったパン酵母と線虫では、組織的な遺伝子破壊株の作成がすすめられていますが、マウスでもこれからは、もっと秩序立てて組織的におこなう必要があります。

実験モデル生物から学ぶ

実験モデル生物とヒトとの比較解析は、ヒトの理解におおいに役立ってきました。

ヒトと同じく細胞核をもつ真核生物であるパン酵母は、単細胞ですが、ヒト細胞の増殖や基本的性質を調べるのに役立っています。パン酵母の細胞周期を決定する遺伝子には、ヒトのがんを引きおこす遺伝子とよく似ているものがあります。がん細胞も、細胞周期が異常をおこしたものであるからです。

もうひとつの例として、ヒト遺伝病のひとつ、フリードライヒ運動失調症の原因遺伝子の機能解明があります。相同のパン酵母の遺伝子の研究から、その遺伝子の異常がエネルギー生産の場であるミトコンドリアの機能低下をもたらすことがわかり、フリードライヒ運動失調症もミトコンドリアの機能低下が原因であることがわかりました。

線虫は、多細胞生物でもっともくわしく研究されている生物です。一個の受精卵から九五九の細胞からなる成虫への成長過程における、全細胞の運命がすべてわかっています。生物が発生過程でカタチを形成していくときに重要な役割をはたす、アポトーシスとよばれる、細胞の「自殺」現象がありますが、このアポトーシスにかかわる一群の遺伝子はすべて、線虫の研究から発見されたものです。

線虫では、ある遺伝子と同一配列をもつ二本鎖RNA(RNAi)を外から与えると、その遺伝子のはたらきを抑えることができることがわかってきました。この実験手法を用いて、ヒト遺伝子に対応する線虫の遺伝子の機能を抑え、どのような異常が生じるかを調べる研究がさかんにおこなわれています。

この研究の世界的な中心となっているのが小原雄治です。小原はRNAiを合成するのに必要な、cDNAクローンの世界一のコレクション(ライブラリー)を自らつくりあげました。このライブラリーを使って、小原を中心とする日本の線虫グループは、いま世界の先端を走っています。

ショウジョウバエは、線虫よりずっとヒトに使い存在です。体節をつくるのに関与するホメオティック遺伝子(群)の存在は、ショウジョウバエではじめて発見されました。その後、ヒトゲノムでもショウジョウバエと相同性の高いホメオティック遺伝子(群)が四セットあり、胎児の背骨の形成を支配していることがわかっています。

そのほかに、ショウジョウバエでの発見をもとにヒト遺伝子の機能がわかった例として、わたしたちの研究室で発見した、体内時計遺伝子の話を紹介しましょう。

ヒトもショウジョウバエも、大半の生物は、日周リズムをもって活動しています。この日周リズムが遺伝子の支配下にあることがわかったのは、ショウジョウバエの研究でした。ショウジョウバエは朝と夕方の二回、活動を活発におこないます。三〇年くらい前、多数のショウジョウバエのなかからこの日周リズムを保てない変異株が見つかり、一九八四年に、日周リズムを支配するperiodと名づけられた遺伝子が発見されました。このような体内時計遺伝子はヒトにもあると予想されましたが、その後一〇年以上たっても発見されませんでした。

わたしの研究室の程肇は、生物にとって重要な機能は、進化をとおしても保存されやすいという点に目をつけ、ハチのperiodの機能に必須と思われるわずかなアミノ酸配列を手がかりに、たくみな技術で、ヒトのperiod遺伝子を見つけるのに成功しました。一九九七年のことです。

この発見を契機に、ヒトの体内時計にかかわる新しい遺伝子がつぎつぎと発見され、研究は爆発的な勢いですすみました。たとえば、わたしたちは体内リズムの生理学を得意とするマイク・メネガーと共同で、生体リズムは脳にある「親時計」のほかに、それに支配される「子時計」が肝臓、腎臓など各臓器にもあること、「子時計」は食事など外的な刺激に応じてはたらくことなど、興味深い発見をしました。

ゲノムの全DNA配列はまだ決定されていませんが、ゼブラフィッシュという魚も注目されています。卵が透明で、顕微鏡のもとで胎発生のようすを直接見ることができるからです。頭や心臓が形成されていくプロセスの研究などにさかんに使われています。

このように、実験モデル生物を通して、わたしたちはヒトゲノムのかなりの部分を理解できるようになってきました。今後もマウスやラットなど、よりヒトに近い実験生物を通して、ヒトゲノムの理解はいっそう深められると思います。

遺伝子は相互に関連しながらはたらいている

さて、遺伝学や逆遺伝学は、表現型とそれに対応する遺伝子を結びつける有力な方法ですが、そのあいだをつなぐ分子メカニズムについては何もしめしてくれません。このような分子メカニズムの解明は、生命の理解にとって不可欠です。ゲノムから全遺伝子が判明するようになった現在では、その分子メカニズムに体系的に切りこむことができるようになりました。これが今後のゲノム研究の重要なテーマとなっています。以下にそのような研究を紹介しましょう。

遺伝子はひとつひとつが機能、能力をもっていますが、それらは単独ではたらくことは少なく、ふつう多数の遺伝子が相互に関連しながらはたらき、一連の生体反応を成り立たせています。胎児の発達は、その見事な例です。受精してから手、足、心臓、脳など、いろいろな臓器が秩序立って形成され、約二八〇日で赤ちゃんは誕生しますが、これは母体という一定の環境のなかで、多数の遺伝子がきわめて秩序立ってはたらいているからです。このように遺伝子が秩序立ってはたらくための情報も、ゲノムのなかに書きこまれています。胎児の発達にかぎらず、わたしたちの体はすべて、遺伝子やタンパク質の秩序立ったはたらきと、環境要因のかかわりによって、成り立っているといっていいでしょう。

病気は、遺伝子の異常、そしてそれらがつくりだすタンパク質の異常(はたらきの低下など)あるいはウイルスなどの感染源の侵入などによって、一連の秩序立った生体の反応やシステムに変調をもたらした結果とみることができます。胎児の発達が止まって流産したり、がんになるのも、遺伝子の異常が引きおこす変調の結果です。

先に紹介したように、大腸がんは、まず小さいポリープができ、大きなポリープになって、それががん化して、最終的には転移していくという一連のプロセスがあります(図6・4参照)。このプロセスの各段階で影響を与えている、がん関連の遺伝子が知られています。APC遺伝子が異常をおこすと小さなポリープができるとか、Ｋ－ｒａｓ遺伝子が異常をおこすと大きなポリープができるということはわかっています。ところが、Ｋ－ｒａｓ遺伝子が変異をおこすとどのようにしてポリープが大きくなるか、さらにp53遺伝子が変異をおこすとどうしてがん化するかはわからないのです。それぞれの遺伝子の異常が、他の遺伝子やタンパク質のはたらきに影響を与え、その一連の反応の結果として、がんが進行していくと考えられます。

このような遺伝子やタンパク質の相互に関連立ったはたらきを解明することが、ポストシークエンスのゲノム研究の重要な課題です。このような理解が、病気の発症メカニズムを解くために不可欠なことは、容易にわかります。

cDNAマイクロアレー技術

遺伝子がはたらくには、メッセンジャーRNA（mRNA）にコピーされることが必要で、それをもとにタンパク質がつくられます。現在、きわめて多数の遺伝子のはたらきを、mRNAやタンパク質のレベルで迅速にモニターできる、さまざまな手法が開発されています。ヒト遺伝子の大半が明らかになったいま、わたしたちは全遺伝子を対象にこのような解析を展開できるようになりました。これをもとに、病気のおきるメカニズム、さらにはわたしたちの生命への理解は一段と深まることはまちがいありません。

遺伝子のはたらきをmRNAの段階でモニターする代表的な技術が、cDNAマイクロアレー技術です（図7・1）。正常組織からのmRNAを赤い色素で、変異した遺伝子をもつ組織からのmRNAを緑色の色素で標識して、混合してcDNAマイクロアレーにかけると、それぞれのmRNAは相補の配列をもつcDNA（相補的DNA。mRNAから合成された一本鎖DNAで、mRNAと相補性をもつ）に結合します。赤・緑両方が等量つけば黄色、病変組織で

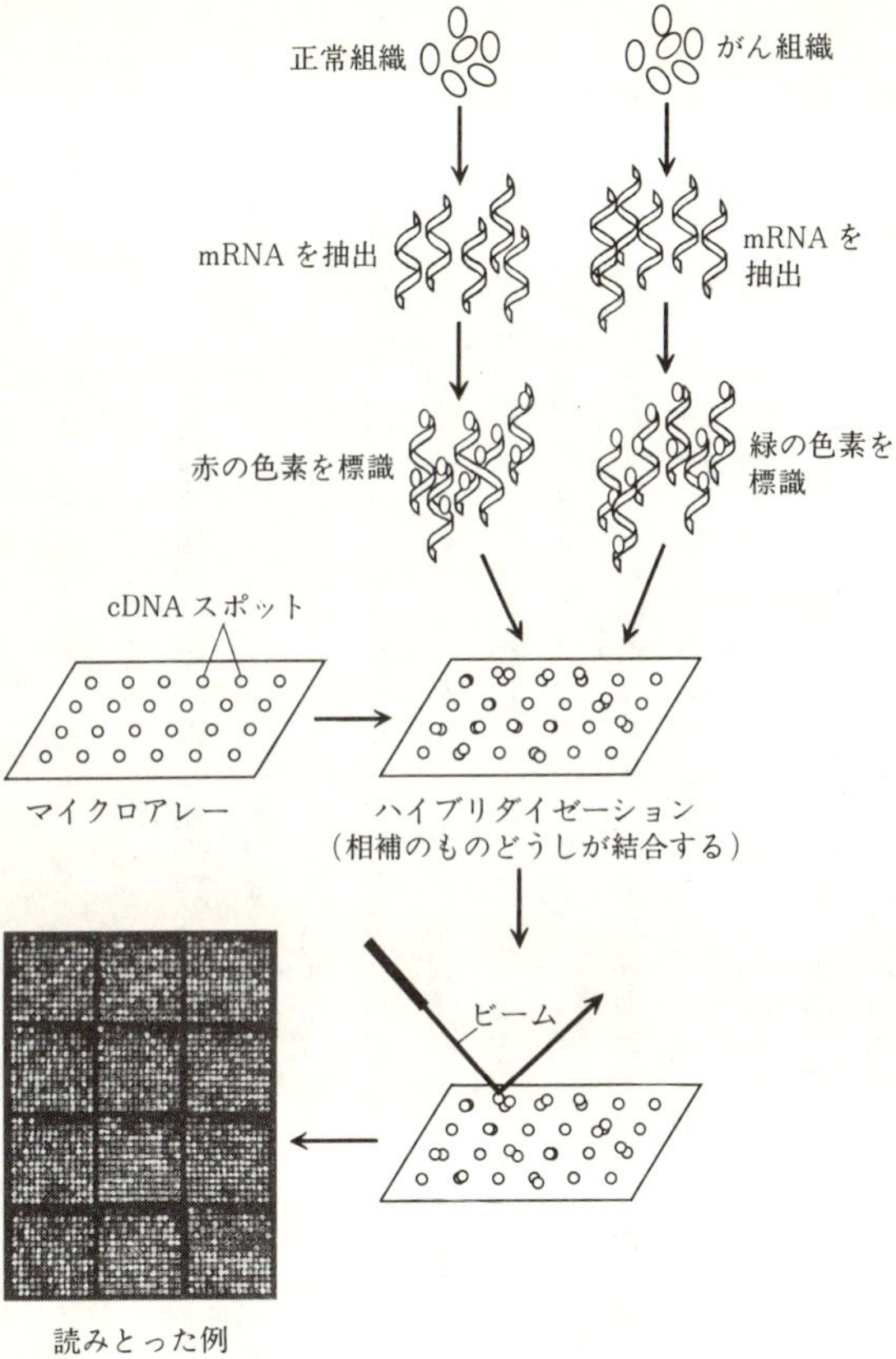

図 7.1　cDNA マイクロアレー技術

多くはたらいているものは緑色、その逆は赤色が強くなります。何千、何万というcDNA（遺伝子）の各スポットの色調を検出することで、ある遺伝子の異常が引きおこす一連の変化を、mRNAレベルで迅速に網羅的にとらえることができるのです。

この技術は、病気にともなう遺伝子発現の変化の解析だけでなく、さまざまなところに応用ができます。薬を与えたり、ウイルスが感染したりするような外的因子によって、多数の遺伝子がどのように応答するか、あるいはそれぞれに機能の異なる臓器では、どのような遺伝子がはたらいているのかを、mRNAレベルで検出する手段としても、さかんに使われています。

この技術によって、がんについても、がん遺伝子Aが異常をおこすと細胞にある変化があらわれ、それに影響された遺伝子Bが発現し、それによってつぎの変化がおきるというようなメカニズムが、だんだん理解できるようになったのです。

メカニズムが理解できれば、いろいろなメリットがあります。治療を考えても、どの段階でどういう治療をしたらいいかがわかりやすくなるのです。

たとえば、p53遺伝子が異常をおこしたら、一連の反応がおきてがんになるとしても、p53ばかりを対象に治療しようとする必要はなく、その先のがんが転移して悪性化する段階をおさえて外科的手術で治療することも考えられます。ある段階の薬がつくりやすいとか、生理的条件でコントロールしやすいということがわかっていれば、そこをターゲットに治療をしてもいいわけです。メカニズム全体がわかってくると、いちばんコントロールしやすい段階、理にかなったところで治療をおこなうことができるようになります。

ポストシークエンスの研究では、SNP(図6・6参照)による病気の解析だけでなく、発症メカニズムの理解、それにもとづく適切な治療法や治療薬の開発が期待されます。

データの多さと情報の見えにくさ

いま、多くの研究者がcDNAマイクロアレー技術を使っています。個人でもお金を出せばマイクロアレーが買える時代ですから、これからどんどんデータがたまっていくことになります。

確かにcDNAマイクロアレーは強力な技術ですが、その強力さが弱点にもなります。変化がたくさん見えすぎることです。その変化は、ある遺伝子が異常をおこしたことによる直接的な変化なのか、二次的な変化なのか、三次的な変化なのかが、かならずしも追えないのです。

たとえば、p53の変異がおきてから一連の反応をずっと時間経過で追っていけば、変化が見えないことはありません。ところが、がん化したことがわかった段階では、すでにp53は変わっているわけです。変わってある状態になって、それを調べているのですから、一次的な変化か、二次的か三次的かはわからなくなってしまいます。こういった問題はひじょうにむずかしくて、どう解決していいかまだわかりません。現在では、たくさんの傍証を使いながらいろいろな情報のなかから必要なものを選び出して、解釈していくことになります。

今日はすぐれた分析機器があり、サンプルもたくさんあるので、データがひじょうに大量に出てくる時代です。ところが、大量に出てくることがいいかというと、かならずしもそうではありません。本質的でない副次的な情報がたくさんあると、ほんとうの情報が見えにくくなってしまうのです。

マイクロアレーによる解析データは見た目にひじょうにきれいで、すばらしいのですが、そのあたりを十分に注意することが必要なのです。ここを見たいという視点をしっかりもってデータを見たり、あるいは比較すべき相手をしっかりと吟味したうえでちがいを見ないと、きちんとした解釈ができないか、まちがった解釈に陥りやすいのです。

マイクロアレーを開発したパットリック・ブラウンは、「ザ・モア・ザ・ベター」(多ければ多いほどいい)と言いました。しかし、シドニー・ブレンナーがそれをもじって、「ザ・リースト・イズ・ザ・ベスト」(もっとも少ないのがいちばんいい)と言っていました。もっとも少ないのがいいかどうかはわかりませんが。

今後、ポストシークエンス研究、ポストゲノム研究のなかで、いろいろな意味での大量のデータが出てくることになります。すると、そこからほんとうに有用なものを引き出すことが重要になります。ところが、それができる人は多くはいません。それができるのは、生物学や医学についてよく考えていて、問題をつきつめて考えている人になってくると思います。そういう人が見ればこそ役に立つデータなのです。

いま、社会はゲノムブームであり、次期産業の中心のひとつになっています。何かをすれば何かができそうだという感じで、宝の山とか打出の小槌のようにいう風潮があります。しかし、わたしは「宝の山なのだけれども、見る人が見ないと、ゴミと変わらない」とよく言っているのです。

遺伝子の相互作用

二つの遺伝子が相互に関連してはたらくには、ふつうその遺伝子がつくりだすタンパク質どうしが相互作用することが必要です。したがって、タンパク質とタンパク質の相互作用の情報が重要になってきます。現在、全ゲノムの判明したパン酵母を使って、六〇〇〇の全遺伝子がつくりだすタンパク質がどんな相互作用をしているかを、網羅的に調べる研究がアメリカと日本でおこなわれています。日本では金沢大学がん研究所教授の伊藤隆司がそのリーダーで、すべての遺伝子（タンパク質）の組合せを調べあげて、その関係を明らかにしました（図7・2）。

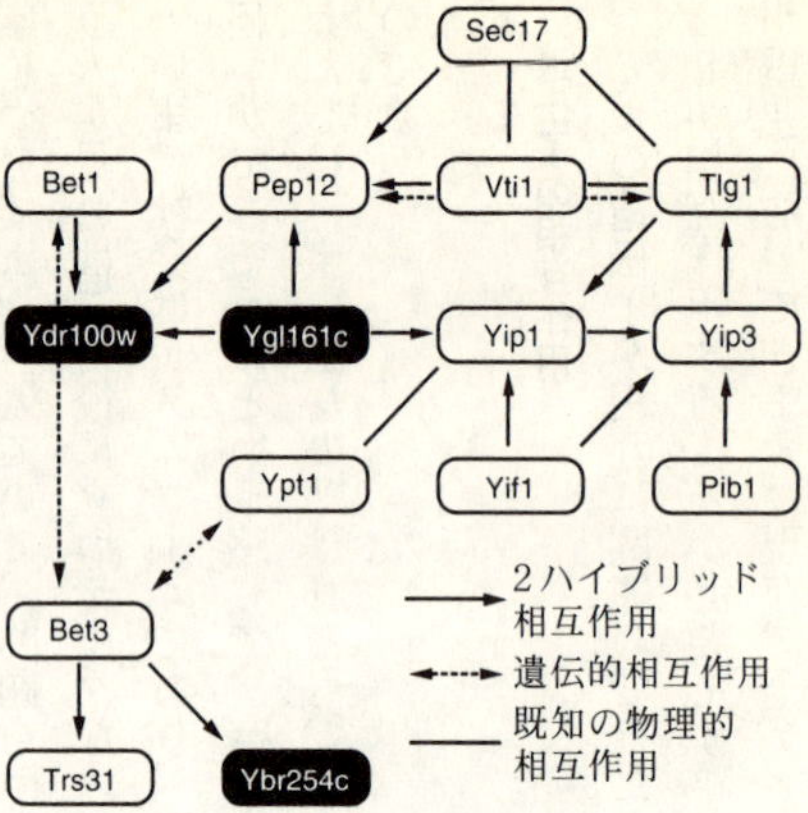

図7.2　タンパク質相互作用ネットワークの一例（黒窓内のタンパク質はこれまで機能がわからなかったもの．伊藤隆司による）

　こういった情報がたまってくると、酵母という小さな細胞ですが、ひとつの遺伝子やタンパク質の変化が、どのような変化を細胞全体に与えるかを、どんどん明らかにしていくことが可能になります。それらを積み重ねて、将来はコンピュータ上に細胞のはたらきを再現できるかもしれません。

タンパク質の構造を調べる

すでに述べたように、病気の発症メカニズムがわかり、それをもとにした有効な治療法、治療薬の開発が求められます。

生体の一連の反応は、タンパク質を介してすすみます。病気はその一連の反応の変調とみることができますから、薬の開発を考えてみても、もっともコントロールしやすいタンパク質をターゲットにすればいいわけです。実際、既存の薬には、細胞表層に出ている受容体タンパク質を対象にしたものが多くあります。

薬を開発するうえでは、ターゲットにするタンパク質がどんな形をしていて、どんなふうにはたらいているかという、構造的な情報が必要になります。

いままでは、あるタンパク質に対して、そのはたらきをおさえるために考えられそうな化合物を多くつくり、それをテストして影響をみていました。そして効果的な影響があったものを選び出し、さらに改良を加えていました。うまくいく場合もたまにはありますが、成功率は高くありません。

ところが、タンパク質の構造がよくわかってくると、その構造のどこにアタックすればはたらきをコントロールできそうかがわかります。タンパク質の構造から、それにアタックするのに使うべき物質の構造が、ある程度コンピュータで予測できるのです。そうなると、予備知識によってかぎられたものだけをテストすればいいことになります。
したがって、薬の開発にはタンパク質の立体構造の知識がひじょうに重要になります。このような考えから、ポストシークエンスの柱のひとつは、タンパク質の立体構造を決めるプロジェクトになっています。

新たな国際協力

タンパク質の立体構造を決める日本のプロジェクトの中心になっているのは、理化学研究所ゲノム科学総合研究センターにいる横山茂之です。核磁気共鳴（NMR）の装置を使って、タンパク質の立体構造を決める研究を大々的におこなっています。世界に例がない大型プロジェクトとしてはじめています。

ところが、二〇〇〇年頃からドイツやアメリカも同じプロジェクトをはじめたのです。とくにアメリカは、理化学研究所と同じ規模の施設を五カ所ぐらい国内につくる計画です。イギリスもつづいています。タンパク質の構造・機能研究についても、いまや国際的になってきました。ヒトゲノム解析と同じような状況になってきたのです。ヒトゲノム計画の経験をもとに、競争よりも協調してすすめようと、協力関係の話し合いがすすんでいます。

今回の態勢は、ヒトゲノム計画の場合と大きくちがっているところがあります。ヒトゲノムの場合は、遺伝子が見つかったところから実際に薬になるまでには距離がありました。それで、ヒトゲノムのデータは即時公開して、無料でだれでも使えるということにしたのです。ところが、タンパク質の構造がわかることと薬の開発は直結しているのです。

先日、タンパク質研究の人たちがおこなった会議では、かならずしも即時公開ではなく、特許をとることも認めるという方針をとることに決まりました。ある程度データを出した人の権利を尊重したうえで、公開するというかたちにしたのです。

そんなふうに、ヒトゲノム計画とはちがう方針をとったのですが、いずれにしても国際的に協力して、すべてのタンパク質の構造をできるだけ早く明らかにするというプロジェクトが動きだしたのです。

もちろん、この研究もかんたんなものではありません。しかし、ヒトゲノムのときとちがって、日本は幸い横山がひじょうに早くから手がけていたので、国際的な発言力は大きい状況です。したがって、日本のチームも自分たちの考えを入れながら、プロジェクトを国際的に動かすことができる状況にあります。

日本のチームの目的は、薬を開発することではなく、そのもとになるタンパク質の立体構造を見つけることです。一方で、その研究成果を受けて、日本の製薬会社といっしょに薬の開発をおこなっていく態勢をつくることも大事になります。タンパク質解析では日本はすすんでいます。ミレニアムプロジェクトという科学の世界にとってひじょうに幸運な追い風もあって、国際的な動きとマッチして早い段階からプロジェクトの整備ができています。

ヒトゲノム計画がはじまったときは、日本は政府からお金がなかなか出てこず、民間も動かず、出遅れました。一、二年の遅れは大きく、追いつくのに大変だったのです。こんどは政府レベルではミレニアムプロジェクトの対象となり、企業も意欲をもっているので、ヒトゲノム計画の教訓は生かされているといえます。

疾病遺伝子をもとにした研究の展開

これまでヒトゲノム解析をもとにした疾病遺伝子の発見や、それにつづくさまざまな機能解析研究の現状と展開について述べてきましたが、この章の最後に、疾病遺伝子の同定、逆遺伝学、タンパク質解析という一連のアプローチがつながって病気の発症メカニズムの解明が進展した例として、わたし自身がかかわった家族性アミロイドーシス（ＦＡＰ）の解析を紹介したいと思います。いささか特殊な病気ですが、わが国ではドミノ肝移植の対象となる病気として知られています。二〇年前には原因不明、治療法なしといわれた病気が、日本の研究者を中心に、この二〇年間にどのように解明されてきたのかをしめすいい例です。

ＦＡＰは、一九五〇年代はじめ、ポルトガルの医師アンドレーデが、ポルト近郊で奇妙な病気が同一家族に発症していることに気づいたことから発見された病気でした。アミロイドとよばれる不溶性の物質が体内に蓄積し、手、足をはじめ、肝臓、心臓などさまざまな臓器のはたらきに障害をおよぼす、三〇歳以降に発症する重い病気です。日本でも一九七〇年代に、荒木淑郎(当時熊本大学教授)や鬼頭昭三(当時東京女子医科大学教授)によって発見されています。

このアミロイドの原因物質は長いあいだ不明でしたが、病気の発見から三〇年近くたった一九七八年に、ポルトガルの医師ペドロ・コスタは、それがトランスサイレチン(ＴＴＲ)とよばれる血清タンパク質のひとつであることをつきとめました。

わたしたちは、ＦＡＰの遺伝要因を明らかにするために、ＦＡＰ患者のＴＴＲタンパク質を分析していた松尾寿之(当時宮崎医科大学教授)らの協力を得て、ＴＴＲの遺伝子の分離を試みました。そして、当時九州大学からきていた大学院生の佐々木裕之(現国立遺伝学研究所教授)が、一九八四年に日本のＦＡＰ患者ではＴＴＲ遺伝子の一カ所に塩基配列の異常があり、そのためＴＴＲタンパク質の三〇番目のアミノ酸がバリン(正常)からメチオニンに変化しているこ

	28	29	30	31
	— Val —	— Ala —	— Val —	— His —
正常型TTR	—GTG—	—GCC—	—GTG—	—CAT—
	— Val —	— Ala —	— Met —	— His —
変異型TTR	—GTG—	—GCC—	—ATG—	—CAT—

図7.3　FAPの原因となるTTR遺伝子の変異

とを、はじめて明らかにしました(図7・3)。

いったんTTR遺伝子の構造がわかると、FAPと診断された病気に対して世界中で遺伝子の分析がはじまりました。タンパク質を分析するのにくらべて、遺伝子の分析は速く、容易で、正確なためです。その結果、FAPには日本、ポルトガル、スウェーデンなど、広く世界中に見られる型(三〇番目のバリンがメチオニンに変異した型)のほかに、いくつかの異なる型が存在することが明らかになりました。

一方、変異型のTTRがなぜアミロイドを形成するのか、その分子メカニズムは不明のままです。もし分子メカニズムがわかれば、筋道を立てた治療法や治療薬の開発が可能であると考えられます。

わたしたちのグループの古谷博和(当時九州大学からきていた大学院生)は、正常型TTRと変異型TTRの、分子構造や分子的性質のちがいを明らかにするため、まず、大腸菌を用いて、さまざまな変異をもつTTRタンパク質を大量に生産しました。そして、ポルトガルとイギリスの二つのグループと協力して、エックス線回折法によるTTRの立体構造の解析をおこないました。

その結果、興味深いことに、FAPの原因となる三〇番目にメチオニンをもっているTTRでは、一〇番目のアミノ酸であるシステインが分子の表面に出ていることが明らかになりました。システインは反応性に富んだアミノ酸であり、この表面に出たシステインが、体のなかで何かと反応することがアミロイド形成のきっかけになっているのではないか、とわたしたちは考えるにいたりました。

FAPの遺伝子研究のひとつの大きな成果は、FAPの原因であるTTR遺伝子をもとに、FAPのモデル動物が開発されたことでした。マウスの受精卵に外から細いガラス針で人工的に遺伝子を導入し、新しい性質をもつマウス(これをトランスジェニックマウスとよびます)をつくる技術が、一九八〇年代はじめに開発されていました。この技術を使って、熊本大学教授の山村研一のグループは、変異型TTR遺伝子を導入したマウスをつくるのに成功し、マウスは期待したようにアミロイドを体内に蓄積することを明らかにしました。疾患のモデル動物は、治療法の開発などにとってひじょうに重要であり、このマウスを使ってさまざまな治療法を試みることができるようになったのです。

その結果、このマウスを無菌状態におくとアミロイドを蓄積しないことを、山村グループは発見しました。

この仮説が正しいか否かを検証するために、わたしたちのグループの大学院生高岡裕は、一〇番目のアミノ酸であるシステインを反応性の低いセリンに変化させたTTR遺伝子を人工的につくり、山村のもとへ出かけて、これをもつトランスジェニックマウスをつくりました。このネズミではアミロイドの蓄積がおこらず、いちじるしく低下することが見事にしめされました。いまでも肝移植しか治療法がないFAPですが、システインの反応性を抑える還元剤によって、病気の進行を抑えることができるかもしれません。

十数年前まで原因不明、治療法なしと記されていたFAPが、遺伝子研究によってその原因が分子レベルでわかり、筋道だった治療法開発の研究がすすむようになったことは、ほんとうにすばらしい進歩です。

8　ゲノム時代の課題

ヒトゲノムの全塩基配列が決定され、これをもとに今後病気と遺伝子の関係がより広く理解され、また胎児の発達や脳のはたらきなど、ヒトが生きているしくみがより詳細に解明されるなど、二一世紀はゲノムを土台とした生命科学の時代になるでしょう。

その結果、さまざまな新しい薬や治療法が開発され、また個人の遺伝子情報をもとに、ひとりひとりの体質にあった医療が可能になってくると期待されます。このような新しい医療の発展をにらんで、有用遺伝子の特許化や新しい技術の開発など、企業間、国家間のはげしい競争が世界規模で展開されています。一方、ゲノムがこのように身近な存在となるとともに、それが引きおこすさまざまな問題点も浮きぼりになりつつあります。新しい科学や技術の発展が、光とともに影をもたらすことを、人類はこれまでもたびたび経験してきました。そしてときには苦い失敗をおかしつつも、英知をもって人類の繁栄に役立ててきました。

本書の最後に、「ゲノムの時代」のさまざまの課題のなかから、遺伝子診断と社会とのかかわり、ゲノム(遺伝子)研究とビジネスのかかわり、そして人間の進化・多様性の問題をとりあげ、考察してみたいと思います。

遺伝子診断とは

いま、日本では、ミレニアムプロジェクトのなかの高齢化対策のひとつとして、がん、糖尿病、心疾患、アレルギー、痴呆症の五大疾患を対象に、病気の原因あるいは病気にかかるリスク(危険率)を高める遺伝子の探索が、大々的にすすめられています。そして、そこで発見される疾患関連遺伝子をもとに、病気の発症メカニズムの解明や、より有効な治療薬が開発されることが期待されています。この遺伝子探索の成果がより早く、直接的に医療に応用されるのは、遺伝子による診断の領域です。ひとりひとりの遺伝情報を問題にする時代になるわけです。まず、遺伝子診断とは何か、その特色について触れておきましょう。

病院では、血液をとって検査をしたり、超音波によるエコーの検査をしたりします。従来の多くの検査や診断法は、病気が発症してから、あるいは病気の兆候となるなんらかの変化が見えたところでしか診断できません。しかし、遺伝子による診断では、病気(あるいはヒトのもつさまざまな形質)があらわれるよりも前から、その遺伝子によって引きおこされる将来の病気(や表現型)を予測することができる、という大きな特色があります。

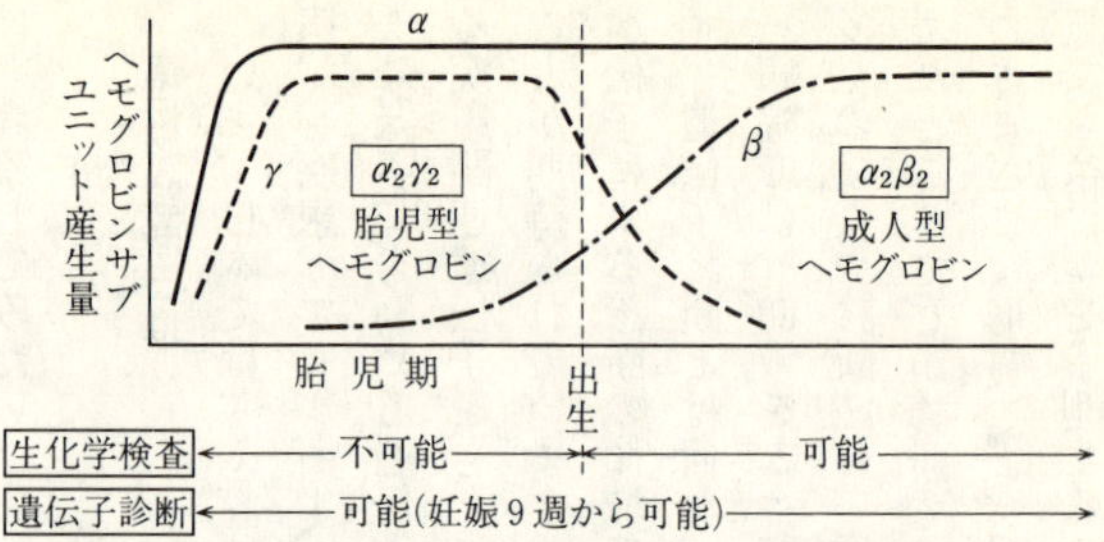

図8.1　ヘモグロビン産生とβ鎖異常の検出可能時期(遺伝子診断では，発症前，出生前の診断が確実にできる)

端的な例がβサラセミアです。ヘモグロビンのグロビンβ鎖の異常によっておきる病気です。胎児の時期、ヘモグロビンはグロビンα鎖と胎児期のグロビンγ鎖とだけから形成され、β鎖は合成されません(図8・1)。したがって、生化学的な方法で、β鎖に異常があるかどうかは調べようがありません。それは出生後、β鎖の合成がおきることによってはじめて異常を発見できます。ところが遺伝子診断では、胎児期にβ鎖遺伝子の異常を発見し、生後にあらわれるβサラセミアを診断することができるのです。

遺伝子診断のもうひとつの特色は、多くのがんなど後天的な遺伝子の変異によっておこる変化を除き、調べる臓器を問わないことです。どの細胞も基本的には同じ遺伝子セットをもっているからです。

高感度であることも、遺伝子診断の特色です。DNAを増幅するPCR法(8ページ参照)が開発されたために、ひじょ

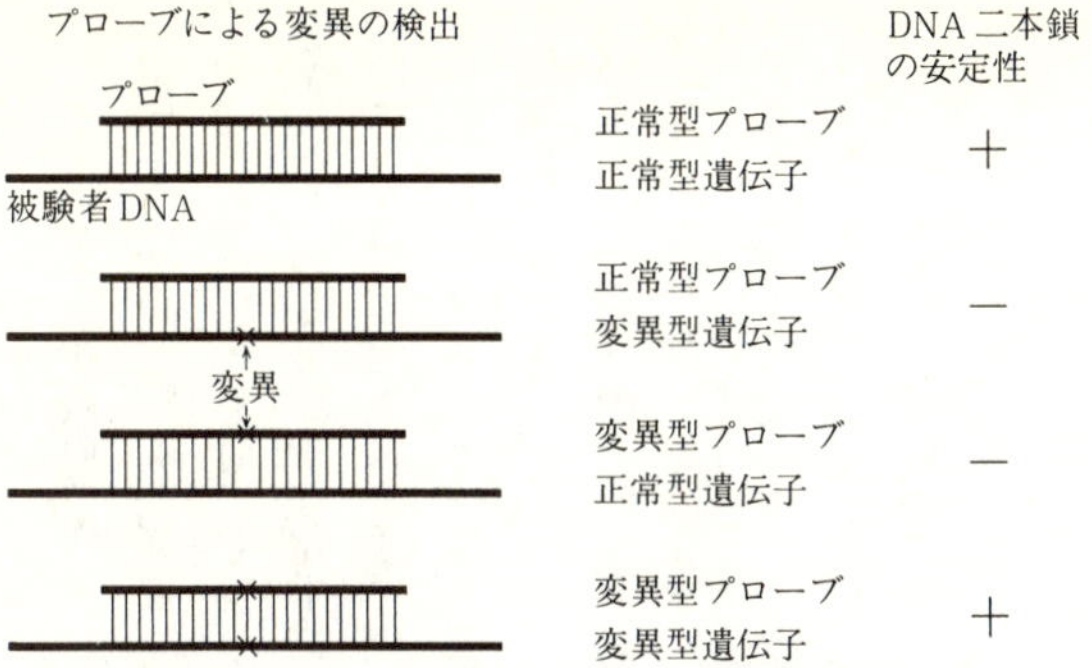

図8.2　プローブを使って遺伝子の変異を検出する

うに微量なサンプルでも分析できるようになり、毛髪一本、うがい液中の剥離細胞でも診断できます。そのため、被験者に痛みを与えず、あるいは危険をおよぼさずに診断することができるのです。

遺伝子診断にはいろいろな方法がありますが、基本的には、対象となる個人の、血液などごく少量の組織からDNAを抽出し、調べたい遺伝子領域をPCR法で増幅し、そこに遺伝子の異常があるかどうかを適切な方法で調べるのです。DNAチップなど広く一般的に使われている方法は、プローブという特殊な探索用のDNAを使って、そのしめすパターンで遺伝子の変異があるかないかを検出するものです(図8・2)。DNAが二本鎖を形成するときに、正常型プローブでは正常型遺伝子とのみ、変異型プローブでは変異型遺伝子とのみ、それぞれ安定に結合できるという性質を利用しているのです。

テーラーメード医療の時代へ

遺伝子診断が比較的問題なく、広い範囲で実施にうつされるのは、遺伝子タイプにもとづく薬の適切な選択の分野でしょう。

薬をはじめさまざまな化学物質は、体内に入るとさまざまな酵素の触媒作用で代謝され、最終的に体外に排出されます。先に紹介したアルコールの代謝も、その一例です。アルコールの代謝能力が、アルデヒド脱水素酵素の遺伝子タイプによって異なったように、さまざまな薬物の代謝についても、遺伝子のタイプによって個人差があります。

多くの薬物の代謝にかかわる遺伝子に、チトクロムＰ４５０とよばれる一群の酵素（タンパク質）があります。この酵素の存在は、佐藤了によって発見され、四五〇ナノメートルの光をとくに強く吸収するので、この名前がつけられました。Ｐ４５０には多数の類似の仲間（ファミリー）があり、それぞれに異なるタイプの薬物の酸化的代謝を触媒します。また、薬物を体内にとりこんだり、排出するのに、トランスポーターとよばれる一群のタンパク質もかかわっています。

これらのタンパク質の遺伝子の個人差によって、ひとりひとりの薬物の代謝能力が異なります。その結果、同じ薬にたいしても、Aさんにはよく効き、Bさんには効かず、Cさんには副作用をおこす、というような個人差が生じるのです。一説では、ほとんどの薬は半分くらいの人にしか有効でないといいます。また、アメリカでは薬の副作用による死が、死因の第四位を占めています。

これまではひとつの薬を試し、効かなければ別の薬を与えるという、試行錯誤的なことがおこなわれてきました。しかしいま、薬物代謝能力とP450やトランスポーターの遺伝子との関係が、ゲノム解析でさかんに研究されています。国立がんセンターでは、抗がん剤の効き方とP450やトランスポーターの個人差(SNP)の関係が研究されています。それほど遠くないうちに、個人の遺伝子タイプにおうじて、適切な薬を投与することが可能になると期待されます。現在でも、乳がんのうち、HER2という遺伝子がはたらいているタイプにたいしては、HER2タンパク質に結合してがん細胞を殺す、パーセプチンという特効薬があります。

このような遺伝子のタイプや発現パターンにあわせて適切な治療薬や治療法を選択する医療を、テーラーメード医療(オーダーメード医療ともいう)とよんでいます。

テーラーメード医療は、薬の選択にかぎりません。6章で述べたように、生活習慣病では、遺伝子のタイプと環境要因への感受性のあいだにさまざまな関係があります。たとえば高血圧の人にも、塩分に感受性の高い人と低い人がいます。レニン-アンギオテンシン系とよばれる血圧調節システムがあります。アンギオテンシンはアンギオテンシノーゲンにレニンが作用してできます。アンギオテンシノーゲンには、その二三五番目のアミノ酸がメチオニンであるものとスレオニンであるものと、二つのタイプがあります。それはアンギオテンシノーゲン遺伝子の一塩基のちがい（SNP）によっていますが、このちがいと塩分への感受性のあいだに関係があることがわかってきました。スレオニンタイプの人は、より塩分に感受性が高いのです。このタイプでは塩分の制限によって高血圧を改善したり、あるいは若いころから塩分を制限して、高血圧への予防をはかることが可能になるでしょう。

これからの医療は、ひとりひとりの遺伝子タイプにおうじた、有効性が高く、危険性が低い医療、治療よりも予防する医療へと、変わっていくことが期待されます。

遺伝子診断と遺伝病

遺伝子診断は有用な技術ですが、糖尿病や高血圧のように遺伝要因だけが決定因子ではなく、予防法や治療法がある場合と、ハンチントン病や筋ジストロフィーのように、遺伝要因がほとんどを占め、遺伝子診断ができるものの、いまだ有効な治療法がない重い遺伝病の場合とでは、事情は大きく異なります。もし自分がその病気の原因遺伝子をもつ家族の一員であったとき、遺伝子診断を受けるのかどうか思い悩み、そしてその判断はさまざまになるでしょう。知りたくない立場もあるでしょう。きちんと知っておきたいという気持ちもあるでしょう。

わたしが研究にたずさわった難病の家族性アミロイドーシス（FAP）について、ポルトガルやスウェーデンでは、ひとつの試みとして、結婚適齢期になった者を対象に、本人の意志のもとで十分な遺伝カウンセリングをおこない、発症前の診断をおこなってもいいと、本人と医師とカウンセラーが同意した場合にのみ、遺伝子診断をおこなっています。半分の人が変異なしと診断され、たえざる不安から解かれる一方、残りの半分は発症の危険性大として重い告知をうけたことになります。最近は肝移植によって救われる道がひらけたとはいえ、全患者にチャンスがあるとはいえません。このような試みをおこなっている両国には、診断後のケアのために、患者やその家族をサポートする大きな支援組織がつくられています。

筋ジストロフィーなど小児のころから発症する重い病気にたいしては、胎児診断とそれにつづく人工流産もやむをえないという判断があります。一方、胎児の生命を尊重すべきだという立場もあります。では、ハンチントン病やFAPのように、発症すれば重いのですが、三〇歳ごろまではまったくふつうの生活ができる病気にたいして、どう考えるのでしょうか。胎児診断→人工流産という図式の許容範囲を、明確に線引きするのは困難でしょう。

このような問題に「正しい答え」というものがあるのかどうか、わかりません。その人の置かれた立場、生命観、人生観、社会状況のなかで、自ら重い決定を下すことになります。社会としては、多くの人が理解をしめせるガイドラインを設定することが必要でしょう。このような判断に立って、日本人類遺伝学会は、遺伝病の遺伝子診断の指針をしめしています。

遺伝子診断と保険

遺伝子による診断は、医療以外にも使われる可能性があります。遺伝情報は個人の究極のプライバシーであり、使い方によっては都合の悪いこともいろいろと予測されます。

遺伝子診断によって、その人の病気へのリスクがわかりますが、生命保険の加入に際してそのような遺伝子の情報が使われることも十分に考えられます。保険会社としては、あらかじめ病気にかかる危険性が高いことがわかっている人については保険料を高くし、場合によっては加入を断ることもありえます。一方、危険度が低いと思われる人については、保険料は安くなるでしょう。保険会社の論理からすれば、自動車保険で、安全運転の人には保険料は安く、事故を一度でもおこした人には高いのと同じ考え方です。

保険会社はこれまでも、既往症について質問し、場合によっては生命保険への加入を断ってきました。問題は、究極のプライバシーである個人の遺伝情報を、保険会社に伝えなければならないのか、保険会社はそれを要求できるのかという点です。

昨年イギリスでは、遺伝子診断の結果をもとに、保険への加入を拒否できることが承認されました。これは、加入者に遺伝子診断を強要するのではなく、もし遺伝子診断を受けていれば、その結果を告知する義務を課したものです。きわめて重い病気になることがわかったあとで、ひそかに高額の生命保険に入ることを防止する一方で、家族にそのような患者がいるという理由だけで加入を拒否できなくするためといわれています。一見論理的ですが、そのような家族歴のある人は、保険加入のために事実上遺伝子診断を求められていることと同じです。

また、どの病気までを対象にし、リスクをどのように判定するのかという問題もあいまいです。重くはない病気、たとえば高血圧へのリスクについて、適切な算定ができるのか疑問です。塩分やコレステロール、喫煙、ストレスといった環境要因によって、高血圧から重い病気になるリスクが大きく変わるからです。

生命保険にかぎらず、就職、結婚など、さまざまな場面で似たようなことが想像されます。最近、お酒が飲めるか飲めないかについて証明書を発行している大学があるということを聞きました。あらかじめアルコールへの感受性を調べるバッジテストをして、「あなたはお酒の飲めるタイプです」「あなたは飲めないタイプです」というカードを学生に渡すのだそうです。これは新入生の歓迎コンパなどで、飲めない人も無理やり一気飲みをさせられておこる急性アルコール中毒を防ぐためです。また、N-アセチルトランスフェラーゼの遺伝子タイプと発がん性のあるアゾ色素の代謝能力とのあいだに相関関係があります。染料をあつかう人は、あらかじめ遺伝子タイプを調べておけば、がんになるリスクが下げられます。

医療のうえでは有効な遺伝子診断ですが、社会活動のなかに広く利用されるようになると、問題点も少なくありません。遺伝子診断の利用については、医療への利用にとどめるとか、一定の歯止めをかける必要があるでしょう。

遺伝子情報の保護

遺伝子診断はいくつかのケースに限定しても、本人の同意(インフォームド・コンセント)をとったうえでおこなうことは必須です。しかし、その結果を被験者自身が知る必要があるかどうかも問題です。薬にたいする感受性など、本人に大きなメリットがあることが明らかなものを除けば、知りたくないという場合もあると思います。

遺伝子診断の結果を受けとった側の医師や医療機関が、いかに情報の秘密を守って外へ出さないか、漏れないようにするかということが、重要なポイントになってきます。情報の保護には、ソフト面とハード面の両方からの対策が必要とされます。コンピュータなどのセキュリティを強化して、物理的に情報が外に出ないようにする方策、もうひとつは罰則規定などをつくって、社会制度から歯止めをかける方策です。今後、遺伝子診断を医療に役立てるには、二重三重に、個人の遺伝子情報が漏れないための整備が不可欠です。

遺伝子治療

遺伝子（DNA）の異常によって病気がおきるということがわかれば、治療法のひとつとして、その異常遺伝子を修復するか、あるいは異常遺伝子がつくりだせないタンパク質を適切な遺伝子を使って補う、という治療法が考えられます。それは、一般的に遺伝子治療とよばれています。遺伝子治療はまだ試験的段階にあり、正確な評価のむずかしい面がありますが、すこし触れておくことは必要でしょう。

遺伝子治療をするにあたって大事なことは、遺伝子を必要な細胞や臓器に入れて、それを適切に発現させることです。必要な遺伝子を細胞のなかに入れるためには、二つの基本的な戦略

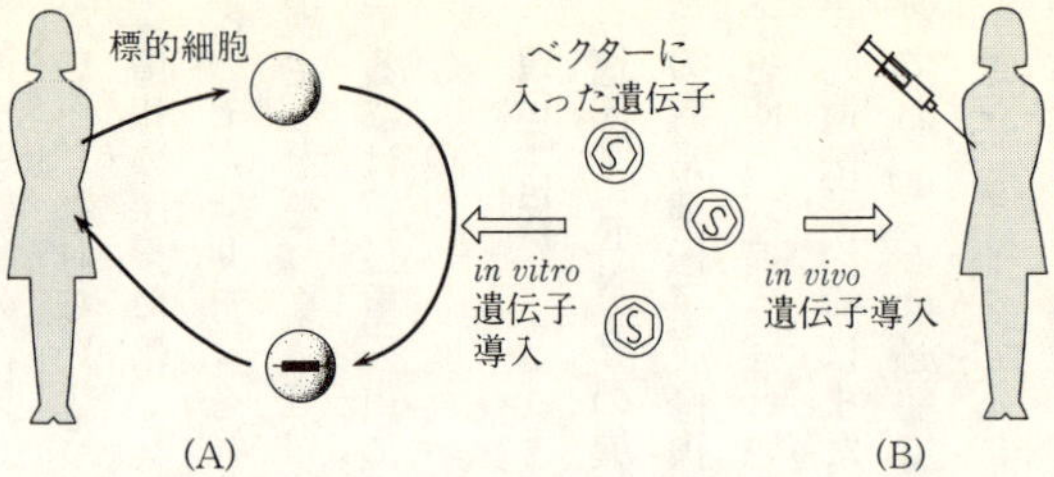

図 8. 3　遺伝子治療の 2 つの方法（A：生体外法，B：生体内法）

があります（図8・3）。ひとつは生体外（*in vitro* または *ex vivo*）法といわれていて、対象となる細胞や臓器をいったん体の外へとり出し、それをねらって遺伝子を入れる方法です。もうひとつは、生体内（*in vivo*）法とよばれており、組織や細胞を体外にとり出せない場合、直接体のなかに遺伝子を入れて、それを必要な細胞のなかに入りこませる方法です。

生体外法ができるのは、とり出せる臓器にかぎられます。たとえば、骨髄の造血系の細胞や皮膚の細胞、肝細胞などのかぎられたものが対象となります。それらをいったん体外にとり出して、適切な遺伝子を入れ、ふたたび体内にもどすことができます。遺伝子を効率よく細胞のなかに入れるために、特殊な運び屋ＤＮＡが使われます。このような運び屋はベクターとよばれ、おもにアデノウイルスやレトロウイルスなどのウイルスのゲノムの一部を用いたベクターが使われています。

生体内法の場合にも、しばしばアデノウイルスベクターが使われます。それ以外に、DNAを油の膜で包みこんだリポソームとよばれる小さな粒子もしばしば使われます。しかし、標的になる臓器や細胞に的確にDNAを入れることが、この生体内法ではまだかんたんではありません。

遺伝子治療の実施例

最初に遺伝子治療の対象になった病気は、免疫で重要なはたらきをするTリンパ球が極端に少ないために、感染症などにかかりやすく致死的な病気である、アデノシンデアミナーゼ(ADA)欠損症でした。この病気が最初に選ばれたのには、いくつかの理由があります。ひとつには、Tリンパ球の異常が病気の直接の発症原因になっていて、それはADA遺伝子の異常によるものであり、血液の細胞を対象にする生体外法の遺伝子治療が可能であったためです。また、ADA遺伝子はごくわずか発現することによっても十分に治療効果が得られるということ、さらに、この遺伝子治療にかわる有効な治療法がいまのところ存在せず、一方で感染症などに弱くひじょうに致死的な病気であるということです。

このようないくつかの理由から、ADA欠損症にたいして、人類初の遺伝子治療がアメリカでおこなわれました。日本でも、北海道大学の症例が、はじめての遺伝子治療の対象となりました。このケースでは理想的な方法は、骨髄でリンパ球を生産するもとになる幹細胞に直接遺伝子を入れるやり方ですが、現在はまだ成功していません。現在は患者のリンパ球をとり出し、そこに適切な遺伝子を導入し、Tリンパ球のADA生産の機能を回復させることに成功しています。ただし、Tリンパ球には寿命があるので、数カ月ごとに遺伝子治療をおこなう必要があります。

がんにたいしても、さかんに遺伝子治療が試みられています。がん細胞で高い確率で変異をおこすp53の正常型遺伝子を用いた遺伝子治療が、岡山大学で成功したことが報告されています。しかし、いまのところこれがわが国では唯一の成功例のようです。がんにたいする免疫力を高めるような遺伝子を導入し、免疫反応を利用して治療する戦略などが試みられています。

遺伝子治療のガイドライン

遺伝子治療の実施にあたって、技術的な問題点以外にその安全性や倫理面にかんする多くの議論がなされ、わが国でもガイドラインがしめされました。その重要なポイントは、現在おこなうことのできる遺伝子治療はすべて、体細胞(生殖細胞以外の細胞)にたいする治療法であるということです。これは、遺伝子治療の効果は患者一代かぎりということを意味し、ひじょうに重要なポイントです。体細胞にたいする遺伝子治療は、ＡＤＡ欠損症のケースでもわかるように、遺伝子を薬として与えているのであって、倫理的には従来の医療の枠を越えるものではありません。

ゲノムがビジネスと直結する時代

アメリカでのヒトゲノム解読を祝うセレモニーに、企業の代表が席を並べました。そのように、ヒトゲノムの解析は、医薬品開発などバイオビジネスと直結し、二一世紀の各国の保健政策や経済政策をも左右しかねない様相を呈しています。

マスメディアは、ヒトゲノムの解読を、公的機関がすすめる国際プロジェクトチームとセレラ・ジェノミクス社という一企業による、官民の競争にどちらが勝つかという、やや興味本位の視点からもさかんにとりあげました。しかし、これは、ヒトゲノムという二一世紀の生命科学のもっとも基盤となる情報を、人類の共通財産とするか、一企業のものとするかの争いと見るべきでしょう。

ヒトゲノムはすでに存在し、その配列決定は、大規模ではあっても、これまでに開発された技術を中心にすすめられるものであり、それ自体は新しい発見や発明ではなく、配列のみでは有用性もありません。遺伝子情報の度を越えた特許化は、一企業の利益にはなっても、人類全体には不利益となります。ヒトゲノムという共通の基盤の上に立って、科学が発展し、新しい発見や発明を競い、成功者には特許などの権利が与えられるのが本来の姿でしょう。二〇〇〇年三月にクリントン大統領とブレア首相によって宣言された「ヒトゲノムの配列は人類共通の財産である」という声明こそ、正しいものです。

しかし、この声明の直後にアメリカのバイオ株が急落したこともあって、宣言の内容が拡大解釈されるのを、アメリカは抑えようとしています。アメリカは、二〇〇〇年の「沖縄サミット」の宣言にヒトゲノムの特許規制を盛りこむことに、最後まで反対したといいます。いま、ヒトゲノム解析でどこまでが遺伝子特許として認められるか、考え方にちがいがあります。優位に立つアメリカは極力拡大解釈し、インサイト社が獲得したケースのように、コンピュータ上で発見した一群の遺伝子のごく一部が、既知の有用遺伝子と似ているだけで、特許をえるという極端な決定もしています。やっかいなのは、特許の基準は人間が決めるものであり、産業保護政策の一環となっている点です。

いま世界では、さまざまな分野でアメリカが力をもち、ヒトゲノム計画でも最大の貢献をしています。アメリカ流の自由経済は、国家を越えた新しい枠組をつくるかもしれません。しかし、人類の生存にかかわる遺伝情報のあつかいを、ビジネスの論理にのみゆだねていいのか、おおいに疑問が残ります。アメリカは基本的には自国のことしか考えていないでしょう。日本とヨーロッパ諸国が共同でアメリカに対抗する構図になっています。

しかし、現実には外交的手法だけでものごとが解決することはありません。遺伝子特許の争いに発言力をもつために、日本もパワーをもって戦わなければなりません。この点は日本でも十分に認識されていて、ミレニアムプロジェクトの一環として、ゲノム研究に強力な推進方策が立てられています。研究予算を見ても、ゲノム関連予算として二〇〇一年度は七三三億円があてられています。二〇〇〇年度五六二億円、一九九九年度二九七億円という数値を見れば、日本が遅ればせながらもこの分野に本腰を入れはじめたことは明らかです。では、アメリカと「戦う」として、どのようにこれから展開すべきでしょうか。

話はすこし変わりますが、国際的な発言力について考えてみましょう。

国際ヒトゲノム計画そのものへの予算は、アメリカの二〇〇〇年度に三・六億ドル、一九九九年度に三・二億ドル、一九九八年度三億ドル、一九九七年度二・七億ドルに対して、日本はそれぞれ二一億円、三七億円、一九億円、九億円と、アメリカのわずか一〇分の一でした。国際ヒトゲノム計画での貢献が、アメリカ六五％に対して日本が六％というのは、ほとんど予算の大きさと比例しているのです。この差が特許のすすめ方などでの発言力の差につながっているように思えます。

この計画に直接たずさわったわたしとしては、ミレニアム予算のなかでもうすこし支援してほしかったという思いがあります。「産業力強化」を基本としたミレニアム予算のなかで、ヒトゲノム計画への「国際貢献」という視点は、残念なことにほとんど取り入れられませんでした。

日本が力を注ぐべきプロジェクト

国際的な力関係はさまざまな要素があります。「競争力」だけで決まるものではありません。国際的に何かを動かそうとするときに、どれだけ貢献したのか、どれだけ指導性を発揮したのかという点が重要です。すこし情緒的な言い方になりますが、尊敬される存在となるために、損得ではなく、社会のために先頭を切って汗を流すことが大切です。また、力を発揮するにしても、相手のつくった土俵でよりも、自らが土俵をつくることが大切なのです。

このような視点からわたしは、日本がいま展開しているプロジェクトのなかでとくに力を入れるべき対象は、タンパク質とイネゲノムであると考えています。

ヒトゲノムをもとに、SNPを中心とした疾患解析がすすめられており、これは医療、保健政策のうえから重要です。一方、産業という視点からは、最終的な医薬品の開発の対象であるタンパク質のほうがより重要なターゲットです。いま、日米欧のあいだでは、タンパク質の大規模な構造解析の共同プロジェクトがはじまろうとしています。7章で述べたように、日本はそのなかで先頭を切って計画を展開しています。今後、タンパク質にかんする特許の基準づくりや、タンパク質の情報をもとに新しい医薬品を開発するための技術開発競争が、国際的に展開されるでしょう。アメリカも力を入れていますが、現時点では日本は十分にリーダーシップをとれる状況にあります。このプロジェクトのすすめ方、基準づくりなど、ぜひ日本が世界をリードしていくべきです。

イネゲノムの解析は、日本では一九九二年から農林水産省を中心にすすめられ、今日にいたっています。世界の人口の三分の二近くをかかえるアジア諸国がコメを主食としていることを考えると、このプロジェクトの重要性はいうまでもありません。日本は国際的に協力をよびかけ、イネゲノムの配列決定の国際コンソーシアムができあがっています。

しかし、この日本のリーダーシップが、いま危うくなりつつあります。スイスの企業シンジェンタ社が、国際チームの先を越して、「イネゲノムの配列決定をほぼ終えた」と発表したからです。シンジェンタ社は、その情報を無償で研究機関に提供して、そこから生じる特許や知的所有権の半分を獲得しようとしています。このさい、シンジェンタ社と手を結んで、ポストシークエンスの研究に力をそそいだほうがいいのではないかという意見もあります。しかし、セレラ社の例もあるように、シンジェンタ社のデータの内容がどこまで確かなのかは不明です。わたしは、いまが日本にとって正念場であると思います。

たしかに、国際イネゲノム計画チームの配列決定スピードは、ヒトゲノム計画にたずさわったわたしから見てもすこし歯がゆく感じます。しかし、ここでいったんシンジェンタ社と手を組めば、今後のイネ研究のかなりの部分をシンジェンタ社に握られることになります。問題は、国際チームの動きです。わたしの見方では、イネゲノム配列解析もヒトゲノム計画で経験のあるチームの協力をえて、スピードアップをはかれば、一年以内にシンジェンタ社と同じレベルにもっていけると思います。

イネゲノムもヒトゲノムと同様に、ゲノムの配列決定が最終ゴールではなく、さまざまな研究の最重要基盤となるものです。日本にはイネにかんする長い研究の蓄積があり、それらはイネゲノムの配列決定を土台に大きく発展する背景をもっています。ゲノム研究にはスピードと、さまざまな専門性をもった研究者の協力が必要です。イネは農林水産省の管轄という意識ではなく、国家的プロジェクトとして展開することが求められます。イネゲノムは、日本の農林水産省が国際的なリーダーシップをとってきた、国際的にも高く評価されているプロジェクトです。ここでもういちど、強い指導性を発揮してほしいと思います。

ゲノム情報科学

ゲノム（タンパク質を含めて）の大々的な研究が展開していくなかで、莫大なそして多様なデータが生産されていきます。その状況下で重要なインフラストラクチャーとして、情報処理技術、情報科学の整備があります。そこには、いくつかの段階があります。

ゲノムやタンパク質の解析も、遺伝子発現のプロセス解析も、じつに大量のデータが出るので、そのデータを迅速に的確に処理することがひじょうに大事になってきます。コンピュータを使った情報処理が、重要な位置を占めるようになってきたのです。

まず、ハード面から強力なコンピュータが必要になり、コンピュータ自体のいっそうのパワーアップも必要になります。コンピュータについては、現在たくさんのコンピュータを並列に使ってスピードアップをはかるのが、主流になっています。それよりも、深刻なのはデータを処理できる人間の問題です。そのような人材が極端に不足しているのです。

もうひとつ重要な整備は、ゲノム解析から生産されるデータを蓄積する、データベースの発達です。単にデータを集めるだけでなく、データの内容やその利用目的に応じて、使いやすいようにデータを整理し、データベース化することが重要です。ゲノムの情報といっても、たんにDNAの塩基配列のみでなく、アミノ酸配列、酵素反応などタンパク質の機能、病気などさまざまな種類の情報を含んでおり、大量かつ多様なデータをデータベース化し、それを迅速に利用できるシステムをつくりあげることは、バイオインフォーマティクス(生物情報科学)のひとつの研究課題でもあります。

さらにデータベースをもとにモチーフ配列や規則性を見つけだし、遺伝子やタンパク質の機能を推定する研究が必要です。今後のゲノム研究の発展にとってひとつの鍵となるものです。遺伝情報という暗号文のなかの単語をひとつひとつ見つけだして辞書をつくり、それをもとに暗号文の内容を解読する研究といえます。

これまでは、似た機能をもつ遺伝子やタンパク質から、共通性の高い配列を見つけだすことによって、モチーフ配列を見つけだしてきました。しかし、生物情報の特色は、その多様性と「あいまいさ」にあります。このようななかから共通性の高いモチーフ配列を見つけだすことは、従来の単純な方法ではかぎりがあり、情報科学の新しい方法論の開発や導入が必要であるといわれています。

重要なことは、このような解析には、生物学的知識をもった人と情報科学のわかる人との共同作業が不可欠です。

さらに、個々の遺伝子の構造やはたらきだけでなく、それらが相互に作用したり、連携してはたらくしくみがわかってくると、コンピュータ上で遺伝情報の流れやはたらきが再現できる、すなわちシミュレーションができるのではないかと考えている人たちがいます。

わたしたちがもっている免疫のしくみについては、すでにずいぶんわかっており、その知識をまとめて、コンピュータ上で免疫システムをシミュレートしたアメリカのグループがあります。ＤＮＡの配列決定法を開発したギルバートは、何年か前に、「将来、分子遺伝学者は、コンピュータを使って実験することになるだろう」と言って、分子遺伝学者の反発を買いました。複雑で多様な生物の研究が、すべてコンピュータによるシミュレーションに置き換えられるとは考えられませんが、バイオインフォーマティクスのチャレンジは、将来の生物学のひとつの方向をしめしています。

不足する情報処理の人材

日本には情報科学を研究している人も多くいます。ところが、IT革命をはじめ、社会のあらゆるところで高度の情報技術が急速に広がっているいま、人材は引っぱりだこになっています。新しいシステムをつくろうと思えば、銀行やメーカーがすぐに新しい人材を使うために、人材が不足しているのです。

ゲノム研究の分野でも、ゲノム情報科学がぜひとも必要といわれながら、現在のところかぎられた人材しかいないのです。かぎられた人間で、大量のデータをあつかっているわけです。このままではいずれ破綻することは明らかです。解析技術自体やコンピュータ本体の開発も必要ですが、情報処理ができて生物学もわかる人材の養成が急務なのです。

人材養成は一朝一夕にはいきません。長い教育期間が必要です。だから、大学などに講座や学科をつくることがすすめられようとしています。しかし、国の科学技術や産業政策を担当するところと、大学の学科新設を担当するところが別のため、その動きは速くありません。

人材養成は一〇年ぐらい先を見てやらなければいけません。ほんとうは中学校や高校で生物学を学び、そのうえで大学で情報科学を学ぶのがいいのです。ところが、いまの方向はまったく逆を向いています。中学校の教育内容から遺伝子を教える項目がなくなったり、生物学の内容が減らされたりしています。時代の逆行もはなはだしいと思います。

これからの時代にほんとうに必要とされるトレーニングを受けた人材を育てないと、産業だけでなく、社会全体の進歩にも影響してきます。情報科学や情報処理技術分野での人材養成が国としても大方針になっています。しかし、技術のみの人材だけでは不十分です。かんたんではありませんが、情報科学に加えて、ゲノムなど何らかの専門性をそなえた人材の養成が、これから強く求められます。

ただ、一〇年も待っているわけにはいきません。すぐにも必要なのです。まずは塾のようなもの、つまり腰を据えた研修コースをつくって、人材を早く育てようというアイディアがあります。たとえば、国際高等研究所副所長の松原謙一は、関西の財界人によびかけて、二〇人ぐらいの人を高等研に集めて、一カ月以上合宿してトレーニングしようとしています。この「コンピュータの適塾」研修は、二〇〇一年春に第一回がおこなわれました。

もうひとつは、外国の人材を活用することです。ところが、いまの法律上のむずかしさもあり、法律をクリアーしても、言葉や生活環境の問題がひじょうにむずかしいのです。仕事だからコミュニケーションしなければいけないし、日本の社会のなかで生活していくときに、その条件が整備されているかどうかという問題があるのです。

国としては外国人を受け入れると言っていますが、受け入れる当事者の側でもそれなりの準備をしないといけません。語学のトレーニングとか生活習慣の理解、生活の場を整備するなどです。外国人の雇用で解決することは、アイディアとしてはいいけれども、なかなかむずかしい問題をかかえています。

コンピュータの処理が間に合わなくなる

北陸先端科学技術大学院大学の小長谷明彦は、ハードウェアのほうでも大きな問題がおきようとしていると言います。いままではコンピュータの開発のスピードはひじょうに速く、毎年のように新型機種ができて、容量も大きくなって、どんどん進歩しました。ところが、DNAの塩基配列データの蓄積速度を計算すると、コンピュータの処理速度を近く上まわろうとしているのです。放っておくとコンピュータが追いつかないぐらいのデータ生産のスピードになってきたのです。

もちろんコンピュータ一台だけでなく、何台も並列して解読する方法も可能です。しかし、ゲノム関連情報の集積はものすごくて、コンピュータが容量を毎年更新しながら伸ばしてきたスピードよりも、DNAの塩基配列データの生産スピードが上まわったということです。このままいくと、一、二年後にはふつうのスーパーコンピュータではとても処理しきれないことになるようです。

ハードウエアのほうについても、真剣に対策を考えなければいけない時代が迫っています。

ヒトの進化、ルーツを探る

ここまで、ヒトゲノム計画の成果の医療への応用、産業への応用について述べてきました。しかし、ヒトゲノム研究は、究極的には人間のより深い理解へと向かうものであると思います。「人間とは何か」という問いは、人類が古くから問いつづけてきた哲学的テーマです。ヒトゲノムの全体像が明らかになったいま、生物としてのヒトの特色をよりくわしく理解できる道がひらけました。発生・分化、生殖、行動、思考、知性、進化などさまざまな視点から、ゲノムを通してもう一度ヒトを見てみることは、興味深くまた重要なことであると思います。

ゲノムDNAは長い時間スケールで見れば、たえず塩基の変化やゲノムの再編成のような、ダイナミックな変化をおこしています。人類が誕生してからもこの変化はつづいており、ヒトゲノムに見られる多型もこの変化から生まれたものです。このような変化は、致死的なものでなければ子孫に伝わるので、ゲノムDNAの塩基配列の特色的な変化から、ヒトの進化、民族や人種の系統関係を推定することができるはずです。

ゲノムDNAの変化には、ゲノムDNAの一部の欠失や組換えのように、不規則にごくまれにおきるものと、DNA複製時のミスによって生じる塩基の変化(塩基置換)のように、ほぼ一定の頻度で生じるものがあります。前者は、ヒトの歴史のなかで、まったく同じ変化が二度おきることはきわめてまれであり、ヒト集団を大きく特色づけるのに有効です。たとえば、エール大学のキッドは、ヒトゲノムDNAのCD4とよばれる領域に見られる特色的なDNAの欠失を調べ、アフリカ人種にはいくつかのタイプの欠失が存在するが、東洋人、白人にはそのうちの特定のものだけが見られることを見出しました。そして、東洋人、白人はアフリカにいたいくつかの人種のなかから派生してきたものではないか、という推論をしています。

一方、DNA複製時のミスでおこる塩基置換は、世代(年)ごとにほぼ一定の割合でおこるので、分子時計ともよばれており、二つの人種や民族のあいだでゲノムを比較し、塩基置換の数を測ることによって、両者がいつごろに分岐したのかを推定することに利用できるはずです。しかし、ゲノムの塩基置換の速度はきわめて遅く、一〇万年、二〇万年程度のヒトの歴史にこれを適用するのは容易ではありません。

ところが、ミトコンドリアDNAは例外的で、その塩基置換速度はきわめて速く(ゲノムD

NAの約一〇倍)、この分子時計をもとに、人種間の関係などをこまかく分析することが可能となりました。カリフォルニア大学のアラン・ウィルソンは、ミトコンドリアDNAの塩基置換の分析からヒト人種の系統関係をしめし、ヒトの起源は約二〇万年前のアフリカにあることを示唆しました。

いま、きわめて大量のSNPが発見されていますが、SNPのなかの八〇%はどの人種にも見られ、残りの二〇%がある人種にかたよって存在するといわれています。これらSNPの分布パターンから、人種の関係やヒトの地球上での移動のようすが、よりくわしくわかってきます。ヒトは気候、食料、猛獣、感染症など、さまざまな環境要因に影響されながら生きのびてきました。わたしたちのゲノムのなかに、そのようなヒトの歴史も書きこまれているのです。

節約遺伝子、倹約遺伝子という遺伝子があります。これはヒトが、食料の乏しい時代に、わずかな食べものを体内にためこんで生きのびるための、生物としての生活防御作戦であったと説明されています。ところが、ヒトが農業などで食料を確保できるようになると、それらの遺伝子をもつ人は、逆に食べものをすばやく代謝できず、糖尿病や高血圧などいろいろな病気になりやすくなったと考えられます。しかも、もし食料難の時代が到来すれば、飽食の時代に適合した人は、飢えで死にやすくなるでしょう。たとえば、先に紹介した高血圧の塩分の感受性に関与するアンギオテンシノーゲンの二三五番目のスレオニン型の遺伝子は、塩分の乏しい時代にはその時代に適合したタイプであったと想像されます。事実、チンパンジーや類人猿は、このスレオニン型遺伝子をもっています。

エイズが世界的に広がっていますが、エイズに感染しても発症しない人がいることは、よく知られています。これまでもペスト、結核、マラリアなど、さまざまな感染症がヒトを襲ってきました。しかし、人類は生きのびています。そこには、ヒトの多様性が重要な意味をもっていたと考えられます。その顕著な例が、マラリアとある種の貧血症の関係です。

βサラセミアや鎌状赤血球貧血症は、地中海地方と東南アジア、アフリカの人種に集中していますが、これはこれらの病気の保因者がマラリアという致死性の高い感染症に抵抗性をしめすためであることがわかってきました。これらの保因者のなかでは、マラリア原虫が増殖しにくく、マラリアで死亡する率が低いのです。他地域では不利であっても、マラリアの感染地域ではこの病気の原因となる変異遺伝子をもっているほうが生存に有利であったといえます。

テイ・サックス病は、北・中部ヨーロッパのユダヤ人に多いのですが、この原因として結核などへの抵抗性で説明する説とともに、北・中部ヨーロッパに移った最初のユダヤ人のなかにこの病気の家族があり、以後ユダヤ人社会のなかでは他の一般集団よりもテイ・サックス病の頻度が高いという説もあります。後者のようなケースを創始者効果とよび、離島や孤立した集団(ユダヤ人も集団をつくって生活していた)でしばしば見られます。

このようにゲノムDNAの数々の変化を手がかりにして、わたしたち人類の歩んできた軌跡をたどることも可能となるのです。

チンパンジーとヒトをくらべる

前の章で、パン酵母、線虫、ショウジョウバエ、マウスなどの進化的に距離の異なる生物と比較することで、ヒトゲノムに書かれた意味を理解できることを紹介しました。しかし、マウスとヒトを比較しても、哺乳類としての特質はわかっても、ヒトがなぜヒトか、ヒトの特質は何かという問いにたいする答えは出てきません。ヒトをヒトともっとも近縁の種、すなわちチンパンジーと比較するところから、ヒトの特質が見えてくるはずです。

ヒトとチンパンジーのちがいはさまざまです。外的な体つきから見れば、ヒトは体毛の少なさ、直立姿勢、大きな脳など、また行動から見れば、二足歩行、言葉を話す能力、高度の思考能力、社会活動や政治的活動を営む能力などの特色があげられます。身体的特色と行動能力のあいだは相互に関係しています。大脳皮質のいちじるしく発達した大きな脳と、言語能力や思考能力は密接に関係しており、その大きな脳を可能にするのは、その重さを支えることを可能にした直立姿勢の骨格です。頭蓋骨が固定する前に出生し、脳が出生後も成長できる胚発生のタイミングも、脳を大きく成長させることと関係しています。また、言葉を話す能力と喉頭の位置は深くかかわっており、チンパンジーやヒトの赤ん坊では喉頭がノドの高い位置にあって、発音できる音声に制約があるのにたいし、成長とともに喉頭が低い位置に移り、複雑な言葉を話せるようになるといわれています。

ヒトの特色のなかでもきわだった特質は、言葉を使う能力や高度な思考をする能力でしょう。すべてのヒトがこのような能力をもっていることからもわかるように、これらの能力がヒトゲノムのなかに書きこまれていることは明らかです。このようなことを考えると、ヒトゲノムとチンパンジーゲノムの比較から、ヒトの特質をある程度描きだすことができるはずです。一方、日本人が日本語を話し、フランス人がフランス語を話したり、あるいは絵を描いたり、音楽をかなでたり、科学を発展させたのは、後天的な教育や文化によるものです。ヒトでは、このような後天的に獲得する形質と、ゲノムに書きこまれた形質とが、複雑にからみあっているのです。

ヒトとチンパンジーの祖先は、約五〇〇万年前に分かれましたが、両者のゲノムは平均一〜

二％ちがっているにすぎません。またゲノム全体では、大きな変化もおきていて、チンパンジーの一二番、一三番染色体が融合して、ヒトの二番染色体となっています。そのほかにも、染色体の一部が変化している例が知られています。このような両者の遺伝子の配列や構造のちがいを見つけることが第一歩です。

これには、ヒトゲノムのときと同じように配列決定をすればいいわけですから、量的には大きな仕事ですが、かならず実現します。そこで発見された「ちがい」と、先にのべたヒトの特質とをむすびつける仕事は大変です。「ちがい」の見出された遺伝子について、最終的には、その意味づけを実験的にしめさなければなりません。

言葉を論理的につないで理解する能力は、大脳皮質の言語野といわれる領野にあります。言語野には、おもにブローカ野とウェルニッケ野の二つがあります。ブローカ野が傷つくと、文法的に単語をつないで意味のある文章を話すことができなくなります。ウェルニッケ野は言葉の理解や記憶に関係しています。このような言語野は、チンパンジーや他の類人猿では、ほとんど発達していないことが知られています。

この二つの言語野では、どのような遺伝子、タンパク質がはたらいているのでしょうか、ヒトとチンパンジーのあいだでは量的・質的にどのようにちがっているのでしょうか。わたしはこのあたりから調べていくのが第一歩と考えています。

今後、ヒトゲノム遺伝子の機能が、つぎつぎと判明してくることと思います。それらのなかから、脳の発生や特定の機能に関与するものが見つかるでしょう。それらの情報をとりいれながら、ヒトとチンパンジーの比較をすすめていくことになるでしょう。

このような研究には、いま世界のさまざまな研究者が興味をしめしています。そのなかには、DNAの二重らせん構造を発見したクリックもいます。このような研究はゲノムの研究者だけではできませんから、わたしたちは国立遺伝学研究所のヒトの進化の研究者、理化学研究所脳科学総合研究センターや、国立基礎生物学研究所の脳研究者との共同プロジェクトとしてはじめています。

このプロジェクトへの世界の研究者の関心は高く、二〇〇一年三月にわたしたちが開催した国際ワークショップには、米、欧、アジアから四〇名をこえる研究者が集まり、熱の入った討議を重ねました。その結果、国際的なコンソーシアムをつくって、協力しながら研究をすすめていくことが合意されています。科学としては挑戦的なテーマです。そこから生まれる成果から、わたしたちは自分自身を一段と深く理解できるようになることはまちがいありません。

ゲノム研究があまりにビジネスと直結したために、「もうかるか・もうからないか」「役立つか・役立たないか」の基準で、科学技術を評価する風潮が強くなっています。しかし、わたしたちには広大な未知の分野があります。科学は、その未知の分野を切りひらくことに、もっとも大切な使命があるはずです。科学のきわめて基本的な発見が、社会を一変させた例は枚挙にいとまがありません。ゲノム研究の未来へ向かってのさらなる発展を願って、本書を終えたいと思います。

榊 佳之

1942年愛知県生まれ
1971年東京大学大学院理学系研究科博士課程修了
九州大学教授などを経て
現在—東京大学医科学研究所教授．理化学研究所ゲノム科学総合研究センタープロジェクトディレクター．理学博士
専攻—ゲノム科学
著書—『人間の遺伝子——ヒトゲノム計画のめざすもの』(岩波科学ライブラリー)，『ベクターDNA——遺伝子工学入門』(講談社) ほか

ヒトゲノム　岩波新書(新赤版)728

2001年5月18日　第1刷発行

著　者　榊《さかき》 佳之《よしゆき》

発行者　大塚信一

発行所　株式会社 岩波書店
〒101-8002 東京都千代田区一ツ橋 2-5-5

電　話　案内 03-5210-4000　営業部 03-5210-4111
新書編集部 03-5210-4054
http://www.iwanami.co.jp/

印刷・理想社　カバー・半七印刷　製本・中永製本

© Yoshiyuki Sakaki 2001
ISBN 4-00-430728-7　Printed in Japan

岩波新書創刊五十年、新版の発足に際して

岩波新書は、一九三八年一一月に創刊された。その前年、日本軍部は日中戦争の全面化を強行し、国際社会の指弾を招いた。しかし、アジアに覇を求めた日本は、言論思想の統制をきびしくし、世界大戦への道を歩み始めていた。出版を通して学術と社会に貢献・尽力することを終始希いつづけた岩波書店創業者は、この時流に抗して、岩波新書を創刊した。

創刊の辞は、道義の精神に則らない日本の行動を深憂し、権勢に媚び偏狭に傾く風潮と他を排撃する驕慢な思想を戒め、批判的精神と良心的行動に拠る文化日本の躍進を求めての出発であると謳っている。このような創刊の意は、戦時下においても時勢に迎合しない豊かな文化的教養の書を刊行し続けることによって、多数の読者に迎えられた。戦争は惨澹たる内外の犠牲を伴って終わり、戦時下に一時休刊の止むなきにいたった岩波新書も、一九四九年、装を赤版から青版に転じて、刊行を開始した。新しい社会を形成する気運の中で、自立的精神の糧を提供することを願っての再出発であった。赤版は一〇一点、青版は一千点の刊行を数えた。

一九七七年、岩波新書は、青版から黄版へ再び装を改めた。右の成果の上に、より一層の課題をこの叢書に課し、閉塞を排し、時代の精神を拓こうとする人々の要請に応えたいとする新たな意欲によるものであった。即ち、時代の様相は戦争直後とは全く一変し、国際的にも国内的にも大きな発展を遂げながらも、同時に混迷の度を深めて転換の時代を迎えたことを伝え、科学技術の発展と価値観の多元化は文明の意味が根本的に問い直される状況にあることを示していた。

その根源的な問は、今日に及んで、いっそう深刻である。圧倒的な人々の希いと真摯な努力にもかかわらず、地球社会は核時代の恐怖から解放されず、各地に戦火は止まず、飢えと貧窮は放置され、差別は克服されず人権侵害はつづけられている。科学技術の発展は新しい大きな可能性を生み、一方では、人間の良心の動揺につながろうとする側面を持っている。溢れる情報によって、かえって人々の現実認識は混乱に陥り、ユートピアを喪いはじめている。わが国にあっては、いまなおアジア民衆の信を得ないばかりか、近年にいたって再び独善偏狭に傾く惧れのあることを否定できない。

豊かにして勁い人間性に基づく文化の創出こそは、岩波新書が、その歩んできた同時代の現実にあって一貫して希い、目標としてきたところである。今日、その希いは最も切実である。岩波新書が創刊五十年・刊行点数一千五百点という画期を迎えて、三たび装を改めたのは、この切実な希いと、新世紀につながる時代に対応したいとするわれわれの自覚とによるものである。未来をになう若い世代の人々、現代社会に生きる男性・女性の読者、また創刊五十年の歴史を共に歩んできた経験豊かな年齢層の人々に、この叢書が一層の広がりをもって迎えられることを願って、初心に復し、飛躍を求めたいと思う。読者の皆様の御支持をねがってやまない。

（一九八八年一月）

政治

ＮＡＴＯ	谷口長世
自治体は変わるか	松下圭一
政治・行政の考え方	松下圭一
日本の自治・分権	松下圭一
市民自治の憲法理論	松下圭一
市民版 行政改革	五十嵐敬喜 小川明雄
公共事業をどうするか	五十嵐敬喜 小川明雄
議会 官僚支配を超えて	五十嵐敬喜 小川明雄
都市計画 利権の構図を超えて	五十嵐敬喜 小川明雄
同盟を考える	船橋洋一
大臣	菅直人
相対化の時代	坂本義和
日本政治の課題	山口二郎
沖縄 平和の礎	大田昌秀
日米安保解消への道	都留重人
希望のヒロシマ	平岡敬
地方分権事始め	田島義介
日本をどう変えていくのか	渡辺洋三
日本社会はどこへ行く	渡辺洋三
転換期の国際政治	武者小路公秀
岸信介	原彬久
戦後政治史	石川真澄
統合と分裂のヨーロッパ	梶田孝道
世界政治をどう見るか	鴨武彦
自由主義の再検討	藤原保信
行政指導	新藤宗幸
政治家の条件	森嶋通夫
都庁 もうひとつの政府	佐々木信夫
地方からの発想	平松守彦
自由と国家	樋口陽一
象徴天皇	高橋紘
国際連合	明石康
戦後思想を考える	日高六郎
近代の政治思想	福田歓一

岩波新書より

法律

経済刑法　芝原邦爾
新地方自治法　兼子仁
行政手続法　兼子仁
憲法と国家　樋口陽一
比較のなかの日本国憲法　樋口陽一
法とは何か〔新版〕　渡辺洋三
日本社会と法　渡辺・甲斐・広渡・小森田 編
法を学ぶ　渡辺洋三
民法のすすめ　星野英一
情報公開法　松井茂記
マルチメディアと著作権　中山信弘
戦争犯罪とは何か　藤田久一
日本の憲法〔第三版〕　長谷川正安
結婚と家族　福島瑞穂
憲法と天皇制　横田耕一
プライバシーと高度情報化社会　堀部政男
日本人の法意識　川島武宜

経済

金融工学とは何か　刈屋武昭
景気と国際金融　小野善康
景気と経済政策　小野善康
世界経済図説〔第二版〕　宮崎勇・田谷禎三
日本経済図説〔第二版〕　宮崎勇
経営革命の構造　米倉誠一郎
金融入門〔新版〕　岩田規久男
国際金融入門　岩田規久男
ブランド 価値の創造　石井淳蔵
日本の経済格差　橘木俊詔
中小企業新時代　中沢孝夫
株主総会　奥村宏
会社本位主義は崩れるか　奥村宏
金融システムの未来　堀内昭義
アメリカの通商政策　佐々木隆雄
ゼロエミッションと日本経済　三橋規宏
戦後の日本経済　橋本寿朗
アメリカ産業社会の盛衰　鈴木直次
共生の大地 新しい経済がはじまる　内橋克人
思想としての近代経済学　森嶋通夫
日本の金融政策　鈴木淑夫
シュンペーター　伊東光晴・根井雅弘
ケインズ　伊東光晴
国境を越える労働者　桑原靖夫
世界経済入門〔第二版〕　西川潤
経済学の考え方　宇沢弘文
経済学とは何だろうか　佐和隆光

社会

科学事件　柴田鉄治
証言 水俣病　栗原彬編
マンション　小林一輔・藤木良明
コンクリートが危ない　小林一輔
日の丸・君が代の戦後史　田中伸尚
仕事術　森清
ハイテク社会と労働　森清
すしの歴史を訪ねる　日比野光敏
日用品の文化誌　柏木博
まちづくりの実践　田村明
まちづくりの発想　田村明
現代たばこ戦争　伊佐山芳郎
嫌煙権を考える　伊佐山芳郎
東京国税局査察部　立石勝規
バリアフリーをつくる　光野有次
雇用不安　野村正實
ドキュメント 屠場　鎌田慧

ゴミと化学物質　酒井伸一
過労自殺　川人博
特捜検察　魚住昭
交通死　二木雄策
能力主義と企業社会　熊沢誠
クルマから見る日本社会　三本和彦
現代社会の理論　見田宗介
災害救援　野田正彰
遺族と戦後　田中伸尚・田中宏・波田永実
在日外国人〔新版〕　田中宏
年金入門〔新版〕　島田とみ子
現代たべもの事情　山本博史
日本の農業　原剛
男の座標軸 企業から家庭・社会へ　鹿嶋敬
男と女 変わる力学　鹿嶋敬
現代を読む 一〇〇冊のノンフィクション　佐高信
ボランティア もうひとつの情報社会　金子郁容

都市開発を考える　大野輝之・レイコ・ハベ・エバンス
東京の都市計画　越沢明
産業廃棄物　高杉晋吾
ごみとリサイクル　寄本勝美
ディズニーランドという聖地　能登路雅子
男だって子育て　広岡守穂
私は女性にしか期待しない　松田道雄
ODA援助の現実　鷲見一夫
豊かさとは何か　暉峻淑子
障害者は、いま　大野智也

家族という関係　金城清子
水俣病は終っていない　原田正純
読書と社会科学　内田義彦
資本論の世界　内田義彦
社会認識の歩み　内田義彦
情報ネットワーク社会　今井賢一
社会科学における人間　大塚久雄

岩波新書より

社会科学の方法　大塚久雄

水俣病　原田正純

ユダヤ人　J-P・サルトル　安堂信也訳

社会科学入門　高島善哉

自動車の社会的費用　宇沢弘文

岩波新書より

現代世界

アメリカの家族　岡田光世
現代中国文化探検　藤井省三
ロシア市民　中村逸郎
ライン河　加藤雅彦
ドナウ河紀行　加藤雅彦
中国路地裏物語　上村幸治
ロシア経済事情　小川和男
東欧 再生への模索　小川和男
イスラームと国際政治　山内昌之
現代中国の経済　小島麗逸
イギリス式人生　黒岩　徹
南アフリカ 「虹の国」への歩み　峯　陽一
女たちがつくるアジア　松井やより
ユーゴスラヴィア現代史　柴　宜弘
ビルマ 「発展」のなかの人びと　田辺寿夫
「風と共に去りぬ」のアメリカ　青木冨貴子
東南アジアを知る　鶴見良行
バナナと日本人　鶴見良行
環バルト海 地域協力のゆくえ　百瀬　宏・志摩園子・大島美穂
フランス家族事情　浅野素女
人びとのアジア　中村尚司
ヴェトナム 「豊かさ」への夜明け　坪井善明
中国人口超大国のゆくえ　若林敬子
タイ 開発と民主主義　末廣　昭
インドネシア 多民族国家の模索　小川　忠
ハワイ　山中速人
スウェーデンの挑戦　岡沢憲芙
アメリカのユダヤ人　土井敏邦
イスラームの日常世界　片倉もとこ
ヨーロッパの心　犬養道子
エビと日本人　村井吉敬

戒厳令下チリ潜入記　G・ガルシア＝マルケス　後藤政子訳

福祉・医療

心臓外科医　坂東　興
日本の社会保障　広井良典
居住福祉　早川和男
高齢者医療と福祉　岡本祐三
看護 ベッドサイドの光景　増田れい子
体験ルポ 日本の高齢者福祉　山井和則・斉藤弥生
体験ルポ 世界の高齢者福祉　山井和則
信州に上医あり　南木佳士
がん告知以後　季羽倭文子
心の病と社会復帰　蜂矢英彦
エイズと生きる時代　池田恵理子
医療の倫理　星野一正

医者と患者と病院と　砂原茂一

岩波新書より

宗教

- 中世神話 山本ひろ子
- イスラム教入門 中村廣治郎
- 新宗教の風土 小沢浩
- 宣教師ニコライと明治日本 中村健之介
- 蓮如 五木寛之
- 密教 松長有慶
- 仏教入門 三枝充悳
- ヒンドゥー教とイスラム教 荒松雄
- イスラーム 蒲生礼一
- お経の話 渡辺照宏
- 日本の仏教 渡辺照宏
- 仏教〔第二版〕 渡辺照宏
- 禅と日本文化 鈴木大拙 北川桃雄訳

哲学・思想

- 私とは何か 上田閑照
- 戦争論 多木浩二
- キケロ 高田康成
- 正念場 中村雄二郎
- 術語集 II 中村雄二郎
- 術語集 中村雄二郎
- 臨床の知とは何か 中村雄二郎
- 問題群 中村雄二郎
- 哲学の現在 中村雄二郎
- 近代の労働観 今村仁司
- プラトンの哲学 藤沢令夫
- ギリシア哲学と現代 藤沢令夫
- 南原繁 加藤節
- マックス・ヴェーバー入門 山之内靖
- ハイデガーの思想 木田元
- 現象学 木田元
- 民族という名の宗教 なだいなだ
- 権威と権力 なだいなだ
- ニーチェ 三島憲一
- 「文明論之概略」を読む 上・中・下 丸山真男
- 日本の思想 丸山真男
- 文化人類学への招待 山口昌男
- 働くことの意味 清水正徳
- 近代日本の思想家たち 林茂
- 知者たちの言葉 斎藤忍随
- 現代日本の思想 久野収 鶴見俊輔
- 朱子学と陽明学 島田虔次
- デカルト 野田又夫
- 現代論理学入門 沢田允茂
- 哲学入門 三木清

(2000.5) (F)

岩波新書より

言語

中国 現代ことば事情 丹藤佳紀
ことば散策 山田俊雄
日本人はなぜ英語ができないか 鈴木孝夫
教養としての言語学 鈴木孝夫
日本語と外国語 鈴木孝夫
ことばと文化 鈴木孝夫
心にとどく英語 M・ピーターセン
日本人の英語 正・続 M・ピーターセン
日本語練習帳 大野晋
日本語の起源〔新版〕 大野晋
日本語の文法を考える 大野晋
翻訳と日本の近代 丸山真男・加藤周一
日本語ウォッチング 井上史雄
仕事文の書き方 高橋昭男
名前と人間 田中克彦
言語学とは何か 田中克彦
ことばと国家 田中克彦
韓国言語風景 渡辺吉鎔
日本語はおもしろい 柴田武
英語の感覚 上・下 大津栄一郎
日本語〔新版〕上・下 金田一春彦
敬語 南不二男
外国語上達法 千野栄一
記号論への招待 池上嘉彦
外国人とのコミュニケーション J・V・ネウストプニー
翻訳語成立事情 柳父章
言語と社会 P・トラッドギル 土田滋訳
漢字 白川静
ことばの道草 岩波書店辞典編集部編

心理・精神医学

夢分析 新宮一成
薬物依存 宮里勝政
精神病 笠原嘉
不安の病理 笠原嘉
やさしさの精神病理 大平健
豊かさの精神病理 大平健
心の病理を考える 木村敏
生涯発達の心理学 高橋恵子・波多野誼余夫
色彩の心理学 金子隆芳
心病める人たち 石川信義
新・心理学入門 宮城音弥
生きるとは何か 島崎敏樹
コンプレックス 河合隼雄
夢〔第二版〕 宮城音弥
精神分析入門 宮城音弥
社会心理学入門 南博

岩波新書より

教育

子どもの社会力　門脇厚司
日本の教育を考える　宇沢弘文
現代社会と教育　堀尾輝久
教育入門　堀尾輝久
教育改革　藤田英典
新・コンピュータと教育　佐伯胖
性教育は、いま　西垣戸勝
子どもとあそび　仙田満
子どもと学校　河合隼雄
子どもの宇宙　河合隼雄
障害児と教育　茂木俊彦
幼児教育を考える　藤永保
子どもと自然　河合雅雄
教育とは何か　大田堯

✤

日本教育小史　山住正己
ことばと発達　岡本夏木
子どもとことば　岡本夏木
戦後教育を考える　稲垣忠彦
乳幼児の世界　野村庄吾

✤

自由と規律　池田潔
母親のための人生論　松田道雄
おやじ対こども　松田道雄
私は二歳　松田道雄
私は赤ちゃん　松田道雄

環境・地球

地球持続の技術　小宮山宏
熱帯雨林　湯本貴和
日本の渚　加藤真
ダイオキシン　宮田秀明
環境税とは何か　石弘光
地球環境報告II　石弘之
地球環境報告　石弘之
酸性雨　石弘之
山の自然学　小泉武栄
森の自然学校　稲本正
地球温暖化を防ぐ　佐和隆光
日本の美林　井原俊一
原発事故を問う　七沢潔
地球温暖化を考える　宇沢弘文
地球環境問題とは何か　米本昌平
自然保護という思想　沼田真
水の環境戦略　中西準子
沙漠を緑に　遠山柾雄
アメリカの環境保護運動　岡島成行
原発はなぜ危険か　田中三彦
ハイテク汚染　吉田文和
都市と水　高橋裕

✤

プルトニウムの恐怖　高木仁三郎

日本史

日本文化の歴史　尾藤正英
熊野古道　小山靖憲
冠婚葬祭　宮田登
神の民俗誌　宮田登
日本の神々　谷川健一
日本の地名 正・続　谷川健一
小国主義　田中彰
瀬戸内の民俗誌　沖浦和光
竹の民俗誌　沖浦和光
戦争を語りつぐ　早乙女勝元
稲作の起源を探る　藤原宏志
南京事件　笠原十九司
裏日本　古厩忠夫
高野長英　佐藤昌介
日本の誕生　吉田孝
日本社会の歴史 上・中・下　網野善彦
日本中世の民衆像　網野善彦

絵地図の世界像　応地利明
検証 日韓会談　高崎宗司
沖縄現代史　新崎盛暉
江戸の訴訟　高橋敏
平安王朝　保立道久
古都発掘　田中琢編
発掘を科学する　田中琢・佐原真編
神仏習合　義江彰夫
謎解き 洛中洛外図　黒田日出男
日本近代史学事始め　大久保利謙
韓国併合　海野福寿
従軍慰安婦　吉見義明
日本軍政下のアジア　小林英夫
中世倭人伝　村井章介
琉球王国　高良倉吉
昭和天皇の終戦史　吉田裕
西郷隆盛　猪飼隆明
正倉院　東野治之

日本文化史〔第二版〕　家永三郎
真珠湾・リスボン・東京　森島守人
昭和史〔新版〕　遠山茂樹・今井清一・藤原彰
管野すが　絲屋寿雄
忠臣蔵　松島栄一
豊臣秀吉　鈴木良一
武家の歴史　中村吉治
京都　林屋辰三郎
天武天皇　川崎庸之
日本神話　上田正昭
日本の歴史 上・中・下　井上清
沖縄　比嘉春潮・霜多正次・新里恵二

岩波新書より

世界史

中華人民共和国史　天児　慧
古代エジプトを発掘する　高宮いづみ
サンタクロースの大旅行　葛野浩昭
自動車の世紀　折口　透
離散するユダヤ人　小岸　昭
古代ローマ帝国　吉村忠典
義賊伝説　南塚信吾
現代史を学ぶ　溪内　謙
華僑　斯波義信
民族と国家　山内昌之
アメリカ黒人の歴史〔新版〕　本田創造
諸葛孔明　立間祥介
◆
中国近現代史　小島晋治　丸山松幸
◆
自由への大いなる歩み　M・L・キング　雪山慶正 訳
古代の書物　F・G・ケニオン　高津春繁 訳

朝鮮　金　達寿
玄奘三蔵　前嶋信次
中国の歴史 上・中・下　貝塚茂樹
魔女狩り　森島恒雄
ヨーロッパとは何か　増田四郎
世界史概観 上・下　H・G・ウェルズ　長谷部文雄　阿部知二 訳
歴史とは何か　E・H・カー　清水幾太郎 訳

芸術

カラー版 似顔絵　山藤章二
歌舞伎の歴史　今尾哲也
ポピュラー音楽の世紀　中村とうよう
歌舞伎ことば帖　服部幸雄
歌舞伎のキーワード　服部幸雄
コーラスは楽しい　関屋　晋
日本絵画のあそび　榊原　悟
イギリス美術　高橋裕子
役者の書置き　嵐　芳三郎
ぼくのマンガ人生　手塚治虫

芸術のパトロンたち　高階秀爾
名画を見る眼 正・続　高階秀爾
カラー版 妖精画談　水木しげる
カラー版 幽霊画談　水木しげる
アメリカの心の歌　長田　弘
ロシア・アヴァンギャルド　亀山郁夫
日本の意匠 蒔絵を愉しむ　灰野昭郎
カラー版 写真紀行 三国志の風景　小松健一
東京の美学　芦原義信
ファッション　森　英恵
漫画の歴史　清水　勲
千利休 無言の前衛　赤瀬川原平
やきもの文化史　三杉隆敏
◆
狂言役者—ひねくれ半代記　茂山千之丞
マリリン・モンロー　亀井俊介
◆
絵を描く子供たち　北川民次
音楽の基礎　芥川也寸志

岩波新書より

随筆

親と子　永　六輔
夫と妻　永　六輔
商（あきんど）人　永　六輔
芸人　永　六輔
職人　永　六輔
二度目の大往生　永　六輔
大往生　永　六輔
現代〈死語〉ノートII　小林信彦
現代〈死語〉ノート　小林信彦
愛すべき名歌たち　阿久　悠
書き下ろし歌謡曲　阿久　悠
ダイビングの世界　須賀潮美
活字博物誌　椎名　誠
活字のサーカス　椎名　誠
新・サッカーへの招待　大住良之
弔辞　新藤兼人
日韓音楽ノート　姜　信子
書斎のナチュラリスト　奥本大三郎

現代人の作法　中野孝次
ワインの常識　稲垣眞美
日本の「私」からの手紙　大江健三郎
あいまいな日本の私　大江健三郎
沖縄ノート　大江健三郎
ヒロシマ・ノート　大江健三郎
日記—十代から六十代までのメモリー　五木寛之
文章の書き方　辰濃和男
命こそ宝 沖縄反戦の心　阿波根昌鴻
辞書を語る　岩波新書編集部編
マンボウ雑学記　北　杜夫
ラグビー 荒ぶる魂　大西鉄之祐

❖

尾瀬—山小屋三代の記　後藤　允
指と耳で読む　本間一夫
東西書肆街考　脇村義太郎

❖

知的生産の技術　梅棹忠夫
論文の書き方　清水幾太郎
余の尊敬する人物 正・続　矢内原忠雄

インドで考えたこと　堀田善衛
ルポルタージュ 台風十三号始末記　杉浦明平
人間詩話 正・続　吉川幸次郎

❖

岩波新書をよむ　岩波書店編集部編

岩波新書より

基礎科学

木造建築を見直す　坂本　功
土石流災害　池谷　浩
市民科学者として生きる　高木仁三郎
カラー版 恐竜たちの地球　冨田幸光
科学の目 科学のこころ　長谷川眞理子
地震予知を考える　茂木清夫
カラー版 シベリア動物誌　福田俊司
宇宙の果てにせまる　野本陽代
カラー版 ハッブル望遠鏡が見た宇宙　野本陽代　R・ウィリアムズ
味と香りの話　栗原堅三
生命と地球の歴史　丸山茂徳　磯﨑行雄
科学論入門　佐々木力
活断層　松田時彦
日本酒　秋山裕一
量子力学入門　並木美喜雄
日本列島の誕生　平朝彦
色彩の科学　金子隆芳

地震と建築　大崎順彦
動物園の獣医さん　川崎泉
物理学とは何だろうか 上・下　朝永振一郎
火山の話　中村一明
生命とは何か　E・シュレーディンガー　岡小天　鎮目恭夫 訳
大工道具の歴史　村松貞次郎
中国の科学文明　藪内清
科学の方法　中谷宇吉郎
宇宙と星　畑中武夫
数学入門 上・下　遠山啓
物理学はいかに創られたか 上・下　アインシュタイン　インフェルト　石原純 訳
零の発見　吉田洋一

コンピュータ

インターネット術語集　矢野直明
インターネットセキュリティ入門　佐々木良一
インターネットII　村井純
インターネット　村井純
インターネット自由自在　石田晴久
パソコン自由自在　石田晴久
コンピュータ・ネットワーク　石田晴久
パソコンソフト実践活用術　高橋三雄
インターネットが変える世界　古瀬幸広　廣瀬克哉
Windows入門　脇英世
マルチメディア　西垣通

岩波新書より

生物・医学

気になる胃の病気	渡辺純夫
血管の病気	田辺達三
胃がんと大腸がん〔新版〕	榊原宣
骨の健康学	林泰史
医の現在	高久史麿編
がんの予防〔新版〕	小林博
がんの治療	小林博
中国医学はいかにつくられたか	山田慶兒
肺の話	木田厚瑞
水族館のはなし	堀由紀子
アルツハイマー病	黒田洋一郎
ボケの原因を探る	黒田洋一郎
アルコール問答	なだいなだ
共生の生態学	栗原康
現代の感染症	相川正道 永倉貢一
脳と神経内科	小長谷正明
神経内科	小長谷正明
脳を育てる	高木貞敬
疲労とつきあう	飯島裕一
血圧の話	尾前照雄
ブナの森を楽しむ	西口親雄
ヒトの遺伝	中込弥男
細胞から生命が見える	柳田充弘
アレルギー	矢田純一
老化とは何か	今堀和友
タバコはなぜやめられないか	宮里勝政
腸は考える	藤田恒夫
痛みとのたたかい	尾山力
生物進化を考える	木村資生
リハビリテーション	砂原茂一
放射線と人間	舘野之男
脳の話	時実利彦
人間であること	時実利彦
日本人の骨	鈴木尚
人間はどこまで動物か	A・ポルトマン 高木正孝訳
栽培植物と農耕の起源	中尾佐助
私憤から公憤へ	吉原賢二

(2000.5)　　(N)

岩波新書/最新刊から

720 **友情の文学誌** 高橋英夫著
漱石と子規、芥川と仲間たち……人間関係の綾から、日本近代文学のあらたな側面を浮かび上がらせ、教養・信頼の空間をみつめる。

721 **自白の心理学** 浜田寿美男著
心理学の立場から刑事事件の取調べ過程を細かに分析する。身に覚えのない犯罪を自白するに至る、心のメカニズムが検証される。

722 **花を旅する** 栗田勇著
四月の桜、五月の藤……月ごとに花の見どころ、名所を案内しながら、文学・伝承の中にわけいり、花に託された日本人の心をさぐる。

723 **健康ブームを問う** 飯島裕一編著
氾濫する健康情報に惑わされないためには何が必要なのか。専門家へのインタビューをもとに現代人の健康観を問い直す。

724 **偶然性と運命** 木田元著
九鬼周造、ショーペンハウアー、ドストエフスキー、ハイデガー等、近代理性主義を克服しようとした思索の系譜を浮かび上がらせる。

725 **戦後アジアと日本企業** 小林英夫著
敗戦直後から通貨危機にいたるまで、経済史の視点から日本企業のアジア進出の歴史をたどり、日本とアジア経済の関係を展望する。

726 **公益法人**―隠された官の聖域 北沢栄著
官との癒着や不透明性から、天下り・利権の温床と批判される公益法人とはどんな組織なのか？　その知られざる実態に迫る。

727 **四国遍路** 辰濃和男著
四国八十八カ所。金剛杖を手に、ひとりのお遍路となってひたすら歩く。自然と出あい人びとと出あう旅を綴る、連作エッセイ。

(2001.5)